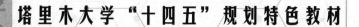

塔里木大学"十四五"规划特色教材

微生物学

实验指导

夏占峰　刘　琴　主编

中国农业科学技术出版社

图书在版编目(CIP)数据

微生物学实验指导／夏占峰，刘琴主编．--北京：中国农业科学技术出版社，2023.1(2023.12重印)

ISBN 978-7-5116-6020-6

Ⅰ.①微… Ⅱ.①夏…②刘… Ⅲ.①微生物学-实验-教材 Ⅳ.①Q93-33

中国版本图书馆 CIP 数据核字(2022)第 215378 号

责任编辑　张国锋
责任校对　李向荣
责任印刷　姜义伟　王思文

出 版 者　中国农业科学技术出版社
　　　　　北京市中关村南大街 12 号　　邮编：100081
电　　话　(010) 82106625 (编辑室)　　(010) 82109702 (发行部)
　　　　　(010) 82109709 (读者服务部)
网　　址　https://castp.caas.cn
经 销 者　各地新华书店
印 刷 者　北京富泰印刷有限责任公司
开　　本　170 mm×240 mm　1/16
印　　张　7.25
字　　数　130 千字
版　　次　2023 年 1 月第 1 版　2023 年 12 月第 2 次印刷
定　　价　38.00 元

《微生物学实验指导》
编 委 会

主　编：夏占峰（塔里木大学）

　　　　刘　琴（塔里木大学）

副主编：罗晓霞（塔里木大学）

　　　　曾　红（右江民族医学院）

参　编：孙燕飞（石河子大学）

　　　　张慧莉（石河子大学）

　　　　包慧芳（新疆农业科学院）

　　　　王　宁（新疆农业科学院）

　　　　王继莲（喀什大学）

前　　言

本书在微生物学实验内容上分成两大部分，即"基础型微生物学实验"和"综合型、研究型微生物学实验"。

基础型微生物学基础实验部分重点进行微生物学基本实验技能的训练，其中的常规实验技术和现代技术都注重基础性，即使在介绍目前微生物学中常用的一些现代分子生物学技术时，也是着眼于其基本的概念和技能。此外，在这一部分还增添了一些新的分子微生物学实验，如 PCR 技术鉴定细菌、细菌总 DNA 的制备、微生物数据库的使用等，供各院校选用。

综合型、研究型微生物学实验部分是在第一部分基本训练的基础上，进行的微生物学综合型、研究型实验，与微生物的应用密切联系。如微生物的多相分类鉴定技术、微生物的发酵技术、微生物抑菌活性的检测技术等，这些实验具有很强的综合性，也可作为开展科研的基础和指导。

本书实验内容结合新疆特殊生态环境微生物资源设计，包括极端环境微生物的分离和纯化、沙漠特殊植物内生菌的分离等内容，样品取材具有一定的区域特色，有利于学生结合本区域环境特点学习微生物知识和技能。

本书得到了国家一流专业（生物技术）和塔里木大学一流专业（应用生物科学）建设项目的资助，在此表示感谢！本书借鉴和参考了多位同行的有关书籍、文献，在此谨向参考资料的有关作者致以诚挚的谢意！由于时间和水平有限，书中难免存在疏漏和不当之处，敬请不吝指正。

编　者
2022 年 6 月

目　　录

第一部分　基础型微生物学实验

第二部分　综合型、研究型微生物学实验

微生物学实验室规则及注意事项

  微生物学实验课是微生物学及其相关专业学生学习和理解微生物学的基本知识和基础理论，锻炼和掌握微生物学基本操作技能的重要教学环节。为了圆满完成实验课的教学任务，实现教学目的，进入微生物学实验室从事相关实验的学生及研究人员均应谨记如下实验室规则及注意事项。

  （1）实验室着装。进入实验室应着干净整洁的实验服，长发者应将头发束于脑后或实验帽内，勿穿高跟鞋。严禁着拖鞋进入实验室。

  （2）实验室课堂纪律。遵守课堂纪律，维护课堂秩序。实验室内禁止饮食和吸烟。衣物、书包和其他杂物应放置在远离实验台的位置。

  （3）实验前准备。实验前应预习实验内容，了解实验目的、原理和方法，熟悉实验室环境。

  （4）实验室安全。严格执行实验室各项规章制度，养成良好的实验习惯。实验室药品和试剂均应标签完整。实验前后须对个人和操作环境进行消毒处理。爱护实验室仪器设备，在掌握实验仪器设备的性能和使用方法前提下规范使用。使用压力容器时，须熟悉操作要求，时刻注意观察压力表，将其控制在规定压力范围内，以免发生危险。注意安全用电，电气设备使用前应检查有无绝缘损坏，接触不良或地线接地不良，故障电器应及时标记，并尽快上报维修。实验室应保持良好的通风条件，时刻注意实验室中水、火、电、气等方面的使用规范和安全要求，实验室必须配备消防器材。

  （5）实验室环境卫生。实验中产生的废液、废物应集中处理，不得任意排放、丢弃。所有废弃的微生物培养物以及被污染的玻璃器皿及阳性的检验标本，均应先消毒灭菌处理（煮沸或高压蒸汽灭菌等）后再清洗处置，有毒易污染的实验废液应倒入专门的废液回收器内。实验器具用完后应及时清洁并归位原处，玻璃器皿等容器应洗净倒置，摆放于固定位置。

  （6）实验过程中切勿使乙醇等易燃有机溶剂接近乙醇灯火焰。如遇火险，应先关掉火源，再用湿布或沙土掩盖灭火。必要时用灭火器。

（7）使用显微镜或其他重仪器时，要求细心操作，特别爱护。显微镜的目镜在使用前后必须用浸有乙醇或二甲苯的透镜纸擦净。对实验药品和实验耗材要力求节约，用毕后放回原处，严禁将药匙交叉使用。

第一部分　基础型微生物学实验

实验 1　光学显微镜的使用和细菌的简单染色

一、实验目的和要求

（1）复习普通光学显微镜的结构、功能和操作技术；学习油镜的工作原理和使用方法。

（2）学习细菌的制片、简单染色的基本方法及无菌操作技术，通过显微镜观察，掌握细菌的个体形态。

二、实验原理

1. 普通光学显微镜的基本构造（图 1.1）

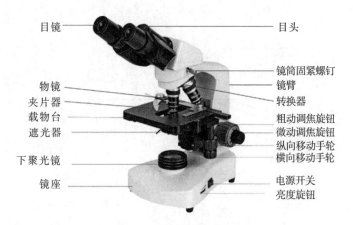

图 1.1　光学显微镜构造

（1）光学部分：目镜、物镜、照明装置（聚光镜、虹彩光圈、遮光镜等）。该部分可使检视物放大，造成物象。

（2）机械部分：镜座、镜臂、镜筒、物镜转换器、载物台、夹片器、粗动调焦旋钮、细动调焦旋钮等部件。该部分起着支持、调节、固定等作用。

2. 显微镜的放大倍数和分辨率

（1）放大倍数＝物镜放大倍数×目镜放大倍数。

（2）显微镜的分辨率表示显微镜辨析物体（两端）两点之间距离的能力，可用公式表示为：

$$D = \lambda / 2n \cdot \sin (\alpha / 2)$$

式中，D：物镜分辨出物体两点间的最短距离；

λ：可见光的波长（平均 0.55 μm）；

n：物镜和被检标本间介质的折射率；

a：镜口角（即入射角）。

3. 油镜使用原理

油镜，即油浸接物镜。当光线由反光镜通过玻片与镜头之间的空气时，由于空气与玻片的密度不同，光线发生折射，降低了视野的照明度。若中间的介质是一层油（其折射率与玻片的相近），则几乎不发生折射，增加了视野的进光量，从而使物像更加清晰（图1.2）。

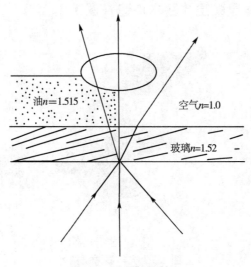

油n=1.515　　　　　空气n=1.0

玻璃n=1.52

图 1.2　油浸接物镜

4. 染色原理

由于微生物细胞含有大量水分（一般在 80%~90%），对光线的吸收和反射与水溶液的差别不大，与周围背景没有明显的明暗差。所以，除了观察活体微生物细胞的运动性和直接计算菌数外，绝大多数情况下微生物都必须经过染色后，才能在显微镜下进行观察。

大多数微生物细胞质带负电荷，简单染色时可采用已知的、带正电荷的碱性染料。染料适用于热固定的涂片，染料与菌体细胞质黏附使菌体着色。经染色后的细菌细胞与背景形成鲜明对比。

三、实验材料和器材

1. 菌种

过夜培养的大肠杆菌（*Escherichia coli*）和枯草芽孢杆菌（*Bacillus subtilis*）。

2. 溶液和试剂

草酸铵结晶紫染液/石炭酸复红染液、二甲苯、吕氏碱性美蓝染液、香柏油、蒸馏水等。

3. 仪器和其他用具

普通光学显微镜、载玻片、盖玻片、乙醇灯、打火机、擦镜纸、吸水纸、接种环、废液缸、洗瓶等。

四、实验步骤和方法

1. 细菌简单染色

（1）涂片。在洁净的载玻片中央滴加一小滴蒸馏水，在乙醇灯火焰旁用火焰灭菌的接种环挑取少量菌体（大肠杆菌和枯草芽孢杆菌各做一片）与水滴充分混合，涂成薄薄的一层菌膜（图1.3）。用过的接种环需要经过火焰再次灭菌。

（2）风干。制成的涂片放置在空气中自然干燥，或将涂片置于乙醇灯火

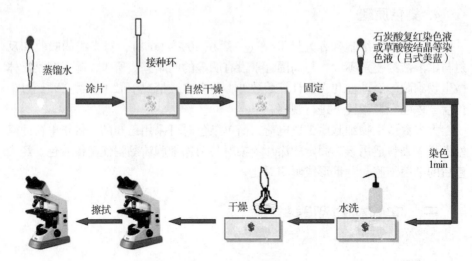

图 1.3　细菌涂片制作过程

焰上方通过几次，用上升的热气流快速蒸发干燥涂片。

（3）固定。手执涂片一端（涂菌面朝上），在乙醇灯外火焰上缓慢通过几次，以涂片微烫为度，冷却。

（4）染色。涂片置于桌面上，加适量（以盖满菌膜为度）草酸铵结晶紫染色液或石炭酸复红染色液于菌膜部位，染色 1~2 min。

（5）水洗。倾去染色液，用洗瓶自玻片一端轻轻冲洗，不要直接冲洗涂菌面，至流下的水中无染色液的颜色为止。

（6）干燥。用吸水纸将玻片周围多余的水分吸干，涂菌面部分可自然干燥或在火焰上方通过几次直至菌面完全干燥。

（7）镜检。用油镜观察并绘出细菌形态图（低倍镜—高倍镜—油镜）。

2. 显微镜的使用及细菌基本形态观察

（1）观察前的准备。

①取镜。打开显微镜箱，右手握住镜臂，取出显微镜，左手托住镜座，将显微镜放置在实验台上，镜座距实验台边缘为 10 cm 左右。

②检测。使用前要检查各部位零件是否完好，用纱布将镜身擦拭干净，用擦镜纸擦拭光学部件。

③镜检姿势。镜检者一般用左眼观察，右眼用于绘图或记录，两眼必须同时睁开，以减少疲劳，亦可练习左右眼均能观察。

④光源调节。将低倍镜转至镜筒下方，调节粗动调焦旋钮，使载物台距离物镜镜头约 1 cm，通过放大或缩小光圈，升高或降低聚光器，调节遮光镜，使视野均匀明亮。观察水浸标本时用较弱的光线，观察染色标本时宜用强光。

（2）低倍镜观察。

检查标本必须先用低倍镜观察，因为低倍镜视野较大，容易发现目标和确定检查的位置。

将观察的玻片标本置载物台上，用夹片器夹住，移动推进器，使观察对象处在物镜正下方，转动粗动调焦旋钮，使载物台升至距标本约 0.5 cm 处。从目镜观察，此时，可适当调节光圈、下降聚光器，使视野亮度合适。同时一边观察一边旋动粗动调焦旋钮慢慢下降载物台，直到物像出现后再用细动调焦旋钮调节至物像清晰为止，然后移动标本。认真观察标本各部位，找到典型的目的物并将其移至视野中央，准备用高倍镜观察。

（3）高倍镜观察。

显微镜的设计一般是共焦点的。低倍镜对准焦点后，转换高倍镜基本上也对准焦点，只是稍微转动微调节旋钮即可。有些显微镜不是共焦点的，转换高倍镜时需用眼睛从侧面观察，避免镜头与玻片相撞损坏镜头。用粗调节旋钮使载物台升至与标本几乎接近（从侧面观察），调节光圈、升降聚光器，使光线的明亮度适宜，用粗调节旋钮慢慢下降载物台至物像出现后，再用细调节旋钮调节至物像清晰为止。找到适宜观察的部位区域，将此部位移至视野中心，准备用油镜观察。

（4）油镜观察。

①旋动粗调节旋钮将载物台下降 2 cm，将油镜转至正下方。

②在玻片标本的镜检部位滴上一滴香柏油。

③从侧面观察，旋动粗调节旋钮将载物台慢慢升上来，使油镜浸入到香柏油中，其镜头几乎与标本相接。注意不能压在标本上，不能用力过大，否则，容易压碎玻片，损坏镜头。

④从接目镜观察，光圈开最大，聚光镜上升与载物台平齐，调节遮光镜，使视野明亮均匀。再旋动粗动调焦旋钮将载物台慢慢降下来直至视野出现物像为止，然后旋动细动调焦旋钮校正焦距，获得清晰物像。如果油镜已经离开油面而仍未见物像，必须再重复③、④操作，直至物像看清为止。

五、注意事项

显微镜保养和使用中的注意事项。

（1）不准擅自拆卸显微镜的任何部件，以免损坏。

（2）镜面只能用擦镜纸擦，不能用手指或粗布，以保证光洁度，用完油镜必须进行"三擦"。

（3）观察标本时，必须依次用低、中、高倍镜，最后用油镜。当目视接目镜时，特别在使用油镜时，切不可使用粗调节器，以免压碎玻片或损伤镜面。

（4）观察时，两眼睁开，养成两眼能够轮换观察的习惯，以免眼睛疲劳，并且能够在左眼观察时，右眼注视绘图。

（5）拿显微镜时，一定要右手拿镜臂，左手托镜座，不可单手拿，更不可倾斜拿。

（6）显微镜应存放在阴凉干燥处，以免镜片滋生霉菌而腐蚀镜片。

六、实验报告

1. 实验结果

绘出所观察细菌的个体形态图。

2. 思考题

（1）制片中火焰固定的目的是什么？

（2）显微镜油镜使用的注意事项有哪些？

实验 2　细菌的革兰氏染色

一、实验目的和要求

（1）学习并初步掌握细菌的革兰氏染色法。

（2）了解革兰氏染色法的原理及其在细菌分类鉴定中的重要性。

二、实验原理

革兰氏染色法是细菌学中最重要的鉴别染色法，是 1884 年由丹麦病理学家 Christain Gram 创立的。通过革兰氏染色可把细菌区分为两大类。

革兰氏染色的机理，与细菌细胞壁的化学组成和结构有关。经草酸铵（结晶紫）初染以后，所用的细菌都被染成蓝紫色。碘作为媒染剂，它能与草酸铵结晶紫结合形成复合物，从而增强了染料与细菌的结合力。当用乙醇脱色时，两类细菌的脱色效果是不同的，革兰氏阳性（G^+）细菌的细胞壁主要由肽聚糖形成的网状结构组成，壁厚，类脂含量低，用乙醇脱色处理时细胞壁脱水，使肽聚糖层的网状结构孔径缩小，透性降低，从而使结晶紫-碘的复合物不易被洗脱而保留在细胞内；革兰氏阴性（G^-）细菌的细胞壁中肽聚糖层在内层且较薄，类脂含量高，所以当脱色处理时，类脂被乙醇溶解、细胞壁透性增加，使结晶紫-碘的复合物被洗脱出来。用番红复染时染上红色。

三、实验材料和器材

1. 菌种

金黄色葡萄球菌（*Staphylococcus aureus*）和大肠杆菌（*Escherichia coli*）。

2. 试剂

草酸铵（结晶紫）染液、卢戈氏碘液、番红染液、95%乙醇、无菌水。

3. 仪器和其他用具

废液缸、洗瓶、载玻片、接种环、乙醇灯、擦镜纸、显微镜等。

四、实验步骤和方法

革兰氏染色法一般包括初染、媒染、脱色、复染 4 个步骤，具体操作方法如下（图 2.1）。

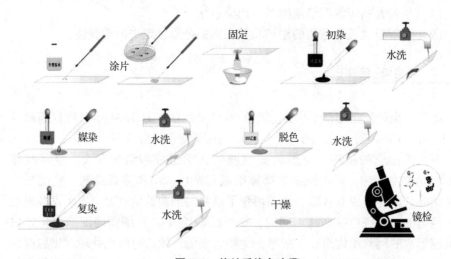

图 2.1 革兰氏染色步骤

1. 准备

取载玻片用纱布擦干，载玻片的一面用马克笔画一个小圈（用来大致确定菌液滴的位置）。涂菌的部位在火焰上烤一下，除去油脂。

2. 涂片

液体培养基：左手持菌液试管，在乙醇灯火焰附近 5 cm 左右打开管盖；右手持接种环在火焰中烧灼灭菌，等冷却后从试管中醮取菌液一环，在洁净无脂的载玻片上涂直径 2 mm 左右的涂膜，最后将接种环在火焰上烧灼灭菌。

固体培养基：先在载玻片上滴一滴无菌水，再用接种环取少量菌体，涂在载玻片上，使其薄而均匀。

3. 晾干

让涂片在空气中自然干燥或者在乙醇灯火焰上方通过几次烘干。

4. 固定

用镊子执玻片一端，让菌膜朝上，通过火焰 2~3 次固定（以不烫手为宜）。

5. 初染

滴加适量的草酸铵结晶紫染液（以覆盖满细菌涂面为宜），染色 1 min。

6. 水洗

用无菌水缓慢冲洗涂片上的染色液，用吸水纸吸干。简单染色结束可观察细胞形态。

7. 媒染

滴加 1 滴卢戈氏碘液，染 1 min，无菌水冲洗。

8. 脱色

吸去残留水，将玻片倾斜，连续滴加 95% 乙醇脱色 20~30 s 至流出液无紫色，立即水洗。

9. 复染

滴加番红复染 3~5 min，无菌水冲洗。至此，革兰氏染色结束。

10. 晾干

将染好的涂片放空气中晾干或者用吸水纸吸干。

11. 镜检

镜检时先用低倍镜，再用高倍镜，最后用油镜观察，并判断菌体的革兰氏染色反应性。

革兰氏染色后蓝紫色细菌为阳性菌，红色为阴性菌。

五、注意事项

（1）为了保证革兰氏染色结果的准确性，制片过程中要注意：涂片不宜过厚，火焰固定不宜过热，脱色时间要控制。另外，可选用标准的 G^+ 菌、G^- 菌和未知菌一起混合涂片和染色。

（2）革兰氏染色成败的关键是乙醇脱色。如脱色过度，革兰氏阳性菌也可被脱色而染成阴性菌；如脱色时间过短，革兰氏阴性菌也会被染成革兰氏阳性菌。

（3）选用幼龄的细菌。G^+ 菌培养 12～16 h，G^- 培养 24 h。若菌龄太老，由于菌体死亡或自溶常使革兰氏阳性菌呈现阴性反应。

六、实验报告

1. 实验结果

（1）图示所观察到的菌体细胞的形态与革兰氏染色结果。

（2）在下表中依次填入革兰氏染色所用染料的名称，并填上 G^+ 和 G^- 菌在每步染色后菌体所呈的颜色。

步骤	所用染料	菌体所呈颜色	
		革兰氏阳性菌	革兰氏阴性菌
1			
2			
3			
4			

2. 思考题

（1）为什么革兰氏染色所用细菌的菌龄一般不能超过 24 h？

（2）当你对一株未知菌进行革兰氏染色时，怎样才能确保你的操作正确、结果可靠？

实验3　放线菌、酵母菌和霉菌的形态观察

一、实验目的

（1）通过菌落及细胞形态的观察和比较，掌握区分细菌、放线菌、酵母菌和霉菌的要点。

（2）观察常见放线菌的菌落形态和显微形态。

（3）掌握观察霉菌孢子及根霉假根的方法。

（4）了解酵母菌子囊孢子形成的方法。

二、实验原理

1. 3类微生物菌落形态特征

放线菌一般由分枝状菌丝组成，它的菌丝可分为基内菌丝（营养菌丝）、气生菌丝或孢子丝3种。放线菌生长到一定阶段，大部分气生菌丝分化成孢子丝，通过横割分裂的方式产生成串的分生孢子。孢子丝形态多样，有直、波曲、钩状、螺旋状、轮生等多种形态。孢子也有球形、椭圆形、杆状和瓜子状等。它们的形态构造都是放线菌分类鉴定的重要依据。

酵母菌是单细胞的真核微生物，细胞核和细胞质明显分化，个体比细菌大得多。酵母菌的形态通常有球状、卵圆状、椭圆状、柱状或香肠状等多种。酵母菌的无性繁殖有芽殖、裂殖芽裂和孢子繁殖；酵母菌的有性繁殖形成子囊和子囊孢子。酵母菌母细胞在一系列的芽殖后，如果长大的子细胞与母细胞并不分离，就会形成藕节状的假菌丝。

霉菌形态比细菌、酵母菌复杂，个体比较大，具有分枝的菌丝体和分化的繁殖器官。霉菌营养体的基本形态单位是菌丝，包括有隔菌丝和无隔菌

丝。营养菌丝分布在营养基质的内部，气生菌丝伸展到空气中。营养菌丝体除基本结构以外，有的霉菌还有一些特征形态，例如，假根、匍匐菌丝、吸器等。霉菌的繁殖体不仅包括无性繁殖体，例如，分生孢子、孢子囊等，包裹其内或附着其上的有各类无性孢子；还包括有性繁殖结构，例如，子囊果，其内形成有性孢子。在观察时，要注意细胞的大小、菌丝构造和繁殖方式。

2. 三点接种法与霉菌菌落形态的观察

霉菌的菌落形态是分类鉴定的重要依据。为了便于观察，通常用接种针挑取极少量霉菌孢子点接于平板中央，使其形成单个菌落，或在平板上接三点，即在等边三角形的 3 个顶点上接种，经培养后同一菌种可形成三个重复的单菌落，该方法称为三点接种法。其优点是不仅可同时获得 3 个重复菌落，还由于在 3 个彼此相邻的菌落间会形成一个菌丝生长较稀疏且较透明的狭窄区域，在该区域内的气生菌丝仅分化出数子实器官，因此，直接将培养皿放低倍镜下就可观察到子实体的形态特征，从而省略了制片的麻烦，并避免了由于制片而破坏子实体自然着生状态的弊端。

3. 微培养

微培养是研究丝状真菌、放线菌等微生物生长繁殖全过程的有效方法。其基本原理是将丝状菌的孢子（或菌体）接种在载玻片的小块薄层培养基上，并盖上盖玻片且轻压，使接种后的琼脂块成薄圆片状，造成一个让微生物仅能在载玻片和盖玻片之间的狭窄空间内横向伸展的生境。因而在培养过程中，可随时用显微镜观察孢子的萌发、菌丝的生长及孢子的形成等各阶段，亦不会因观察而造成培养标本片的污染。用此法制备的镜检标本视野清晰、形态逼真，是显微镜摄影最好的材料。

4. 插片法培养放线菌

放线菌是抗生素的最主要产生菌，其形态特征是菌种选育和分类的重要依据。插片法原理：在接种过放线菌的琼脂平板上，由于插上盖玻片或在平板上开槽后再搭上盖玻片，使放线菌的菌丝体沿着培养基与盖玻片的交界线生长和蔓延，从而附着在盖玻片上。待培养物成熟，轻轻取出盖玻片，就能获得放线菌在自然生长状态下的标本。将其置于载玻片上即可镜检观察到放线菌的个体形态特征。

5. 盖片法培养酵母菌

酵母菌是以菌体细胞接种，因菌体细胞较湿黏而不易分散，应先加培养基，使其凝固后再将菌体接种到表面，然后盖上盖玻片。

三、实验材料和器材

1. 菌种

黑根霉、产黄青霉、曲霉、放线菌（链霉菌）、酵母菌各培养物。

2. 试剂和培养基

吕氏碱性美蓝染液、乳酸石炭酸棉兰染液、生理盐水、PDA 培养基，高氏 I 号培养基。

3. 仪器和其他用具

接种环、乙醇灯、载玻片、光学显微镜。

四、实验步骤和方法

1. 放线菌的形态观察

（1）肉眼观察。

取放线菌的平皿培养物，仔细观察菌落（即孢子堆）的颜色，基内菌丝（即菌落反面）的颜色，可溶性色素（即渗入培养基内的颜色），菌落表面的形状（崎岖、褶皱或平滑，有无同心环），菌落的大小，最后用接种环去触试菌落的硬度。

记录观察结果。

（2）显微镜观察。

①观察孢子丝（插片法）。

a. 将放线菌接种到含高氏 I 号培养基的平皿中，用涂布棒均匀涂布。

b. 用插片法把无菌盖玻片斜插在琼脂内。置于 28℃温箱内培养 7~10 d。

c. 取出插片法的载玻片，先用低倍镜在插片上找到放线菌的生长区域，将菌丝体均匀的区域调整到视野中心，然后在高倍镜下观察，注意孢子丝的形状（直形、波浪形或螺旋形，是否轮生等）。

②观察无气生菌丝的放线菌（埋片法）。

a. 琼脂平板的制备同插片法。

b. 在制备好的平皿上用无菌小刀切下 1 cm×5 cm 的小槽，挑出琼脂条，在小槽中接种孢子或菌丝，将无菌盖玻片放在小槽上，28℃培养，时间视不同菌种而定。

c. 镜检同插片法，可观察到基内菌丝、孢子丝和孢子。

③观察孢子（印片法）。

a. 用一片盖玻片在链霉菌菌落表面轻轻按一下，即成印片。

b. 在载玻片上放一滴吕氏碱性美蓝染液。将印孢子的盖玻片直接放在吕氏碱性美蓝染液上，使孢子着色，用吸水纸吸取多余的染液。

c. 先用低倍镜，再用高倍镜和油镜观察孢子的形状，油镜观察时注意区别气生菌丝、孢子丝和孢子的形态及排列方式。

记录观察到的孢子丝及孢子的各种性状。

2. 酵母菌的形态观察

（1）肉眼观察。

取酵母的平皿培养物及斜面培养物，仔细观察菌落的颜色、透明度、隆起情况、大小。

记录观察结果，与细菌菌落加以比较。

（2）显微镜观察。

①取清洁载玻片一块，滴上一滴生理盐水。

②用接种环取酵母斜面培养物少许，放在水中轻轻和匀。盖上清洁盖玻片一块，注意不要产生气泡。

③置于低倍镜、高倍镜下观察，注意微生物细胞的形态、大小、有无芽体。绘制微生物细胞图。

有些酵母菌能形成假菌丝，取下上述盖玻片，在清洁的载玻片上滴一滴生理盐水，盖上上述盖玻片，把带菌的一面贴在载玻片上，先用低倍镜观察，再用高倍镜观察是否形成假菌丝。

3. 霉菌的形态观察

（1）肉眼观察。

取黑根霉、产黄青霉、曲霉的培养物各一皿，仔细观察菌落的颜色、质地，用接种环触其硬度，与放线菌菌落加以比较。记录观察结果。

（2）直接制片观察法。

①在载玻片上加 1 滴乳酸石炭酸棉蓝染液。

②用解剖针从丝状真菌菌落边缘处挑取少量已产孢子的丝状真菌菌丝，先置于 50% 乙醇中浸一下以洗去脱落的孢子，再放在载玻片上的染液中，用解剖针小心地将菌丝分散开，盖上盖玻片。

③先置于低倍镜下观察，必要时换高倍镜观察。注意观察黑根霉的假根、匍匐菌丝、孢子囊梗、孢子囊等结构，观察青霉的帚状分生孢子梗及曲霉的分生孢子头、瓶状分生孢子梗、足细胞等特征结构。

五、注意事项

（1）在插片法过程中，注意在移动附着有菌体的盖玻片时勿碰动菌丝体，必须菌面朝上，以免破坏菌丝体形态。

（2）在印片法过程中，用力要轻，且不要错动，染色水洗时水流要缓，以免破坏孢子丝形态。

六、实验报告

1. 实验结果

（1）绘出显微镜下观察到的放线菌、酵母菌的显微形态。

（2）绘出所观察到的黑根霉、产黄青霉、曲霉的形态。

（3）描述黑根霉、产黄青霉、曲霉、放线菌、酵母菌的结构特点。

2. 思考题

镜检时如何区分放线菌基内菌丝、气生菌丝和孢子丝？

实验 4 细菌鞭毛染色法及其运动性的观察

一、实验目的

（1）学习并掌握鞭毛染色法，观察细菌鞭毛的形态特征。

（2）学习用压滴法和悬滴法观察活细菌的运动性。

二、实验原理

1. 细菌鞭毛染色法的基本原理

简单染色法适用于一般的微生物菌体的染色，而某些微生物具有一些特殊结构，如鞭毛，对它们进行观察之前需要进行有针对性地染色。

鞭毛是细菌的纤细丝状的运动器。鞭毛的有无、数量及着生方式也是细菌分类的重要指标。鞭毛直径一般为 10~30 nm，只有用电镜才可以直接观察到。若要用普通光学显微镜观察，必须使用鞭毛染色法。首先，用媒染剂处理，使媒染剂附着在鞭毛上使其加粗，然后用碱性复红（Gray 氏染色法）、石炭酸复红（Leifson 氏染色法）、硝酸银（West 氏染色法）或结晶紫（Difco 氏染色法）进行染色。

2. 菌种压滴法观察活菌运动的基本原理

鞭毛的功能相当于船的螺桨，在水中可以高速旋转从而推动菌体前行，因此，水体环境才是鞭毛细菌自由驰骋的天地。鞭毛的旋转速度是非常快的，每秒钟旋转 200~1 000 r/min，比一般的电动机要快得多。鞭毛的高速旋转是由其附着于菌体上的基体旋转带动的，基体实际上就是鞭毛的基部，它由一个中轴套上 2 个或 4 个环构成，镶嵌固定在细菌的体表（细胞膜和细胞壁）中，在科学家的眼中，基体简直就是一台精巧的纳米机械——分子马达，但这个马达并不是靠电流驱动，而是用伴随着细胞膜两侧质子梯度的消失产生的生物能量 ATP 来驱动。鞭毛马达还可以转向（从逆时针旋转变为顺时针旋转），从而使菌体发生翻滚，进而改变细菌的运动方向，事实上细菌在游动时也并不是单纯地一直朝前游，而是伴随着不时的随机翻滚转向，但从表观上看仍表现为细菌的前行。

细菌未染色时无色透明，在显微镜下主要靠细菌的折光率与周围环境不同来进行观察。有鞭毛的细菌运动活泼，且不同时向一个方向运动，而无鞭毛的细菌则呈不规则布朗运动。这样便可以在光学显微镜下观察到细菌的运动。

三、实验材料和器材

1. 菌种

枯草芽孢杆菌、铜绿假单胞菌 18~24 h 斜面培养物。

2. 试剂

硝酸银鞭毛染液（A 液、B 液），蒸馏水。

3. 仪器或其他用具

普通光学显微镜、擦镜纸、乙醇灯、载玻片、盖玻片、双层瓶（内装香柏油和二甲苯）、接种环、试管架、镊子、吸水纸、滴管等。

四、实验步骤和方法

（1）先在载玻片上滴 1 滴蒸馏水，用接种环挑取适量枯草芽孢杆菌（或铜绿假单胞菌）菌落边缘菌体在水中轻轻蘸几下，注意保持其不受猛烈震荡。再另取一洁净盖玻片让其一端紧靠液滴，再缓慢放下，避免产生气泡。

（2）使用光学显微镜中的油镜进行镜检，观察到两个或以上的细菌分别朝着相反或不同的方向运动时则说明细菌自身在运动。

（3）用接种环挑取培养 18~24 h 的枯草芽孢杆菌或铜绿假单胞菌少许，用悬滴制片法检查细菌的运动性。如果细菌的运动性很强，即可做鞭毛染色。

（4）用 1~3 mL 无菌水将菌苔下部冷凝水附近的菌体洗下，制成均匀的悬浮液，移入另一无菌试管中适温培养 15~30 min。

（5）用无菌吸管从悬液上部取 1 滴，置于一清洁载玻片一端，将玻片倾斜，使菌液由一端流向另一端。于是在玻片上形成 2~3 条菌液带，待自然干燥（切勿用火烘烤）。

（6）用刚刚过滤的硝酸银鞭毛染液 A（冬季在 25~28℃的恒温下保温数小时后过滤为宜）染色 5 min（不要加热）。

（7）倾去 A 液，加硝酸银鞭毛染液 B 染色 10 min，可在乙醇灯上轻微加热 1~2 min，使染样稍冒蒸汽而不干。染色后用蒸馏水轻轻冲洗，晾干。

（8）镜检。

五、注意事项

（1）选择活跃生长期的菌株进行染色。
（2）载玻片要求极为干净，无油污。
（3）制片过程要温和。
（4）染液最好现用现配。

六、实验报告

1. 实验结果

绘图并说明鞭毛的形态特征（包括鞭毛数量、形状、着生方式等）。

2. 思考题

（1）鞭毛染色前为什么要进行细菌运动性检测？
（2）鞭毛染色应掌握哪些环节？应注意哪些问题？

实验 5　细菌的芽孢及荚膜染色观察

一、实验目的

（1）了解细菌芽孢染色的原理意义，掌握芽孢染色的方法。

（2）学习荚膜染色技术，观察和分辨细菌的荚膜形态，进一步理解细菌细胞的特殊结构。

（3）学习水浸片的制作方法，观察细菌的运动。

二、实验原理

（1）芽孢染色法。芽孢具有厚而致密的壁，通透性低，对各种不利因素如高温、冷冻、射线、干燥、化学药品和染料等具有很强的抵抗力。因此，当用一般染色方法染色时，只能使菌体着色，芽孢不易着色（芽孢呈透明）或仅显很淡的颜色。为了使芽孢着色便于观察，需采用特殊染色法——芽孢染色法。先用一弱碱性染料，如孔雀绿或碱性品红在加热条件下进行长时间染色，此染料不仅可以进入菌体，也可以进入芽孢，进入菌体的染料可经水洗脱掉，而进入芽孢的染料则难以透出。若再用复染液（如番红染液）或衬托染液（如黑色素液）处理，芽孢和菌体就呈现不同的颜色，借此将芽孢与菌体区别开。

（2）荚膜染色法。荚膜的主要成分是多糖，多糖与染料亲和力差，不易着色，但荚膜通透性较好，某些染料可通过荚膜使菌体着色，因此，染色后呈浅色或无色的菌体就形成了一个明显的色差，荚膜染色常采用负染法，即将背景染成淡蓝色，此法使菌体和背景同时显色以衬托无色的荚膜。

三、实验材料

1. 菌种

枯草芽孢杆菌（*Bacillus subtilis*）和圆褐固氮菌（*Azotobacter chroococcum*）。

2. 试剂

石炭酸复红染液、绘图墨水、5%孔雀绿染色液、2%番红、95%乙醇、香柏油、二甲苯。

3. 仪器与其他用具

显微镜、载玻片、盖玻片、乙醇灯、接种环、镊子、试管、擦镜纸、吸水纸。

四、实验步骤和方法

1. 细菌的芽孢染色法

（1）涂片。在洁净的载玻片上滴 1 滴蒸馏水，用接种环取枯草芽孢杆菌的菌体少许于水滴中混匀，涂成薄膜。

（2）风干。制成的涂片放置在空气中自然干燥，为了节省时间可以将涂片置酒精灯火焰上方，以其上升的热气流快速蒸发干燥。

（3）固定。手执涂片一端（涂菌面朝上），在乙醇灯外火焰上缓慢通过 2~3 次，以涂片微烫为度（约 60℃）。

（4）染色。5%孔雀绿染色液 3~5 滴，用木制玻片夹夹住载玻片，在火焰上加热，使其有蒸汽产生，但勿沸腾，如此反复，染色 10 min。在染色过程中，根据蒸发情况随时添加染色液或水，使涂面保持不干。

（5）脱色。用水冲洗 1 min，至流下的水没有孔雀绿染色液的颜色为止，脱去营养体颜色。

（6）复染。用 2%番红液染色 3 min，倾去染色液，不用水洗，直接用吸水纸吸干。

（7）油镜镜检观察。

2. 细菌的荚膜染色法

（1）涂片。在洁净的载玻片加 1 小滴蒸馏水，用接种环取圆褐固氮菌的菌体少许，轻轻涂在水滴中制成菌悬液。取用滤纸过滤后的绘图墨水 1 滴与菌悬液混合，取另一块边缘平整的载玻片顺势将此菌悬液刮过，使其成均匀的一薄层。或者用接种环蘸取菌悬液在另外的载玻片上划直线（不要往复），使直线呈半透明状薄层为好。

（2）风干。将涂片放置在空气中自然干燥，不要在酒精灯火焰上方烤片。

（3）固定。在涂菌面上滴 1~2 滴 95%乙醇固定，乙醇自然挥发掉，不用水洗。

（4）染色。加石炭酸复红染色 1 min，倾去染色液（不用水洗），用吸水纸吸干。

（5）镜检。先用低倍镜找到染色后透亮的部位，后用油镜观察。可以看到灰黑色背景和红色菌体间无色部分即为荚膜。

五、注意事项

（1）芽孢染色时，选择适当菌龄的菌种；加热染色时涂面保持不干；脱色时要等玻片冷却后进行。

（2）荚膜染色时，载玻片要干净，否则，混合液不能均匀铺开；固定过程中不能在火焰上方炙烤。

六、实验报告

1. 实验结果

绘制观察到的细菌的芽孢和荚膜特殊结构，注明放大倍数。

2. 思考题

为什么荚膜染色中不用文火固定而需用化学固定？

实验6 培养基的配制及灭菌

一、实验目的

（1）掌握培养基的配制。
（2）了解高压蒸汽灭菌方法。
（3）了解干热灭菌方法。

二、实验原理

灭菌是指杀灭物体中所有微生物的繁殖体和芽孢的过程。消毒是指用物理、化学或生物的方法杀死病原微生物的过程。灭菌的原理就是使蛋白质和核酸等生物大分子发生变性，从而达到灭菌的作用，实验室中最常用的就是干热灭菌和湿热灭菌。

干热灭菌是利用高温使微生物细胞内的蛋白质凝固变性而达到灭菌的目的。细胞内的蛋白质凝固性与其本身的含水量有关，在菌体受热时，环境和细胞内含水量越大，则蛋白质凝固就越快，反之，含水量越小，凝固越慢。因此，与湿热灭菌相比，干热灭菌所需温度高（160～170℃），时间长（1～2 h）。但干热灭菌温度不能超过180℃。否则，包裹器皿的纸或棉塞就会烧焦，甚至燃烧。

高压蒸汽灭菌是将待灭菌的物品放在一个密闭的加压灭菌锅内，通过加热，使灭菌锅隔套间的水沸腾而产生蒸汽。待水蒸气急剧地将锅内的冷空气从排气阀中驱尽，然后关闭排气阀，继续加热。此时由于蒸汽不能溢出，而增加了灭菌器内的压力，从而使沸点增高，必需高于100℃，导致菌体蛋白质凝固变性而达到灭菌的目的。在同一温度下，湿热的杀菌效力比干热大。其原因有三：一是湿热中细菌菌体吸收水分，蛋白质较易凝固，因蛋白质含水量增加，所需凝固温度降低；二是湿热的穿透力比干热大；三是湿热的蒸汽有潜热存在，这种潜热，能迅速提高被灭菌物体的温度，从而增加灭菌效力。

培养基是人工配制的适合微生物生长繁殖或积累代谢产物的营养基质，用以提供微生物生长发育所需的物质条件。培养细菌常用牛肉膏蛋白胨培养基和LB培养基，培养放线菌常用高氏I号培养基，培养霉菌常用蔡氏培养基或马铃薯葡萄糖培养基（PDA），培养酵母菌常用麦芽汁培养基或PDA培养基。根据培养目的不同，可分为固体培养基和液体培养基。此外，还有加富、选择、鉴别等培养基之分。就培养基中的营养物质而言，一般包括碳源、氮源、无机盐、生长因子及水等几大类。琼脂（agar）只是固体培养基的支持物，一般不为微生物所利用。它在高温下熔化成液体，而在45℃左右开始凝固成固体。在配制培养基时，根据各类微生物的特点，配制出适合不同种类微生物生长发育所需要的培养基。培养基除了满足微生物所必需营养物质外，还要求一定的酸碱度和渗透压。霉菌和酵母菌培养基的pH值偏酸，细菌、放线菌培养基的pH值为微碱性。所以，每次配制培养基时，都要将培养基的pH值调到一定的范围。常用微生物培养基的配方如下。

（1）LB培养基配方（pH 7.0）。

胰蛋白胨（tryptone）	10.0 g
酵母提取物（yeast extract）	5.0 g
NaCl	10.0 g
琼脂粉（agar）	20.0 g
去离子水	1 000 mL

（2）牛肉膏蛋白胨培养基配方（pH 7.0）。

牛肉膏	3.0 g
胰蛋白胨（tryptone）	10.0 g
NaCl	5.0 g
琼脂粉（agar）	20.0 g
去离子水	1 000 mL

（3）高氏I号培养基配方（pH 7.4~7.6）。

可溶性淀粉	20.0 g
NaCl	0.5 g
KNO_3	1.0 g
$K_2HPO_4 \cdot 3H_2O$	0.5 g
$MgSO_4 \cdot 7H_2O$	0.5 g
$FeSO_4 \cdot 7H_2O$	0.01 g

琼脂粉（agar）　　　　　　　　20.0 g

去离子水　　　　　　　　　　　1 000 mL

（4）马铃薯培养基配方（自然 pH 值）。

马铃薯（去皮）　　　　　　　　200.0 g

葡萄糖（或蔗糖）　　　　　　　20.0 g

琼脂粉（agar）　　　　　　　　20.0 g

去离子水　　　　　　　　　　　1 000 mL

（5）察氏培养基配方（自然 pH 值）。

蔗糖（glucose）　　　　　　　　30.0 g

$NaNO_3$　　　　　　　　　　　　2.0 g

K_2HPO_4　　　　　　　　　　　1.0 g

KCl　　　　　　　　　　　　　0.5 g

$MgSO_4 \cdot 7H_2O$　　　　　　　0.5 g

$FeSO_4 \cdot 7H_2O$　　　　　　　0.01 g

琼脂粉（agar）　　　　　　　　20.0 g

去离子水　　　　　　　　　　　1 000 mL

（6）YPD 培养基配方（pH 7.0 值）。

酵母提取物（yeast extract）　　10.0 g

蛋白胨（peptone）　　　　　　20.0 g

葡萄糖或蔗糖　　　　　　　　20.0 g

琼脂粉（agar）　　　　　　　　20.0 g

去离子水　　　　　　　　　　　1 000 mL

三、实验材料和器材

1. 试剂

10% NaOH 溶液、10% HCl 溶液、琼脂。

2. 仪器和其他用具

1 000 mL 刻度量筒、100 mL 小烧杯、1/10 天平、分装漏斗、pH 试纸、小铝锅、角匙、玻棒、棉花、电炉、标签纸、牛皮纸、捆扎绳。

四、实验步骤和方法

1. 配制牛肉膏蛋白胨培养基 1 L

（1）在 100 mL 小烧杯中称取牛肉膏 5.0 g、蛋白胨 10.0 g，加 30 mL 去离子水，置电炉上搅拌加热至牛肉膏、蛋白胨完全溶解。

（2）向小铝锅中量取 100 mL 去离子水，将溶解的牛肉膏、蛋白胨倒入铝锅中并用蒸馏水刷洗 2~3 次，加入 NaCl，在电炉上边加热边搅拌。

（3）用玻璃棒蘸少许液体，测定 pH 值，用 10% NaOH 溶液或 10%HCl 溶液调至 pH 值 7.2~7.4。

（4）加入琼脂条，继续搅拌，加热至琼脂完全熔化，补足水量至 1 000 mL。

（5）用分装漏斗分装于 18 mm×180 mm 试管中，塞好棉塞，捆扎好。

（6）高压蒸汽灭菌锅中 121℃灭菌 30 min。

2. 配制放线菌培养基（高氏 I 号）1 L

（1）用量筒量取去离子水 600 mL，在电炉上加热。

（2）根据培养基配方，依次称取各种试剂加入量筒中，搅拌均匀。其中，可溶性淀粉称入 100 mL 烧杯中，加入 50 mL 去离子水调成糊状，待培养液沸腾时加入，边加边搅拌，防止糊底。

（3）加 10%NaOH 溶液或 10%HCl 溶液调整 pH 值 7.2~7.4，加入琼脂煮沸至完全熔化，补足 1 000 mL 水量。

（4）趁热分装于 18 mm×180 mm 试管中，斜面每管 5 mL，柱状每管 15 mL，容量根据实验需要确定。

（5）塞好棉塞，捆扎，贴好标签。

（6）121℃灭菌 30 min。

3. 配制马铃薯葡萄糖培养基 1 L

（1）称取去皮新鲜马铃薯 200 g，切成 1 cm 见方小块，放于小铝锅中，加 1 000 mL 去离子水，置电炉上煮沸 30 min 后，用 4 层纱布过滤。滤液计量体积后倒入小铝锅中煮沸。

（2）加入称好的葡萄糖、琼脂，加热搅拌至琼脂完全熔化，并补足水量至 1 000 mL。

（3）趁热用分装漏斗分装于 18 mm×180 mm 试管中，斜面以 5 mL 为宜，柱状 15 mL 为宜。分装完毕后做好棉塞，捆扎好并写好标签。

（4）高压蒸汽灭菌锅中 121℃灭菌 30 min，取出趁热摆斜面。

五、注意事项

（1）不能用有腐蚀作用的化学试剂，也不能使用比玻璃硬度大的物品来擦拭玻璃器皿；新的玻璃器皿应用 2% 的 HCl 溶液浸泡数小时，用水充分洗净。

（2）用过的器皿应立即洗涤。

（3）强酸、强碱、琼脂等能腐蚀、阻塞管道的物质不能直接倒在洗涤槽内，必须倒在废液（物）缸内。

（4）洗涤后的器皿应达到玻璃壁能被水均匀湿润而无条纹和水珠。

（5）在高压蒸汽灭菌锅的使用过程中应注意：检查高压蒸汽灭菌锅里的水是否足够，关紧排水阀，将灭菌物品放进灭菌锅；盖紧盖子打开电源，查看各指示灯是否正常，如果盖子没有盖紧，显示盖子的指示灯将会亮起，这时就需要重新盖盖子；接下来就是调节灭菌温度和灭菌时间；关闭排气阀，待灭菌时间一到，高压蒸汽灭菌锅将发出报警声，这时立刻关闭电源，待压力降低至零时，打开排气阀排气（不能在压力很大时打开排气阀，以防危险发生）。

六、实验报告

思考题

（1）为什么干热灭菌比湿热灭菌所需要的温度高，时间长？

（2）在干热灭菌操作过程中应注意哪些问题，为什么？

（3）在配制培养基的操作过程中应注意哪些问题？为什么？

（4）培养基配好后为什么必须立即灭菌？如何检查灭菌后培养基是否无菌？

（5）实验中配制的高氏 I 号培养基有沉淀产生吗？说明产生或未产生的原因。

（6）细菌能在高氏 I 号培养基上生长吗？为了分离放线菌，你认为应该采取什么措施？

实验 7 空气、水样中微生物的检测

一、实验目的

（1）学习并掌握水质的细菌学检测方法。
（2）学习并掌握空气中微生物的检测和计数的基本方法。

二、实验原理

空气并非微生物的繁殖场所，空气中缺乏水分和营养，紫外线的照射对微生物也有致死作用。微生物产生的孢子本身也可以飘浮到空气中，形成"气溶胶"，借风力传播。在空气中的微生物中，真菌的孢子数量最多，细菌较少，藻类、酵母菌、病毒也会存在于空气中。

目前，还无统一的空气卫生学指标，一般以室内 1 m³ 空气中细菌总数为 50~1 000 个以上作为空气污染的指标。

尘埃多的地方，如畜舍、公共场所、医院、城市街道的空气中，微生物数量较多。高山、海洋、森林、积雪的山脉和高纬度地带的空气中，微生物较少。

细菌总数是指 1 mL 水样在一定的培养基平板中，37℃培养 24 h 后所长的菌落数，此值是一种近似值，一般规定，1 mL 自来水中的总菌数不得超过 100 个。

三、实验材料和器材

1. 材料

学校生活区水源。

2. 培养基

牛肉膏蛋白胨培养基。

3. 仪器和其他用具

培养皿、培养箱、超净工作台、涂布棒。

四、实验步骤和方法

1. 空气中微生物的分离方法

（1）配制牛肉膏蛋白胨培养基 1 000 mL，并灭菌备用。

（2）倒平板凝固完全。

（3）空气采样，在实验室的四角及中央采取 5 个点，每个点做 2 个平行、1 个对照，11 个培养皿。

（4）采样好的培养皿置入 37℃ 培养箱中培养 24 h，观察并记录。

（5）计算结果。

根据苏联微生物学家估算的公式：

$$100/A \times 5/T \times 1\,000/10 \times N = 50\,000N/AT$$

其中：N——表示培养后菌落数；

A——表示平皿的表面积；

T——是表示培养皿在空气中的暴露时间。

此公式是根据 100 cm² 的表面积在空气中暴露 5 min 的菌落数相当于 10 L 空气中的菌落数来估算的，并不能代表真实空气的数量，应该比实际菌落数小。

2. 水中微生物的分离方法

（1）配制牛肉膏蛋白胨培养基 1 000 mL，并灭菌备用。

（2）从学校生活区取样。先将自来水龙头用火焰灭菌 3 min，再开水龙头使水流 3 min 后，用无菌空瓶接取水样。

（3）用无菌移液管分别吸取 1 mL 水样，注入平板内，然后倒入 15 mL 已熔化冷却至 45℃ 的培养基，混匀后置于 37℃ 培养 24 h，观察并记录结果。平板内的菌落数即水样 1 mL 中的细菌总数。

五、注意事项

采集水样需用无菌的容器。

六、实验报告

1. 作业

（1）描述培养物的形态特征。
（2）计算空气中微生物含量，确定空气的卫生状况。
（3）计算水中微生物含量，确定水的卫生状况。

2. 思考题

（1）如何确定平板上的单个菌落是否为纯培养？请写出实验步骤。
（2）影响水中微生物分布的原因有哪些？

实验 8 土壤中微生物的分离纯化

一、实验目的

（1）掌握无菌操作技术。

（2）学习土壤微生物的一般分离方法。

（3）了解细菌、放线菌、霉菌的菌落特点。

二、实验原理

土壤是微生物生活的大本营，微生物数量和种类极其丰富。通过选择适合待分离微生物生长的条件（如营养、酸碱度、温度和氧等要求或加入某种抑制剂），造成只利于目的微生物生长而抑制其他微生物生长的环境，从而在固体培养基上分离出目标微生物。

值得注意的是，从微生物群体中分离获得的单个菌落，并不一定能够绝对保证是纯培养，需要结合其菌落特征、个体形态特征等，甚至需要进一步的分离、纯化和通过其他特征的鉴定才能够确定。

一般利用平板菌落计数法来进行细菌计数。将待测样品经梯度稀释之后，使其中的微生物充分地分散成单个细胞，取一定量的稀释液接种到培养基上，经过培养，每个单细胞生长成肉眼可以看到的单菌落，即一个单菌落代表原样品中的一个单细胞。根据单菌落数、稀释倍数和接种量即可推算出原样品中的含菌数。但是，由于测定样品往往不容易完全分散成单个细胞，所以，形成的1个单菌落也有可能来自样品中的两个或两个以上细胞，因此，平板菌落计数的结果往往偏低，一般都用菌落形成单位（colony‐forming unit, cfu 或 CFU）表示样品中的活菌数。

利用平板菌落计数法进行计数，虽然操作比较烦琐，需要经过一段时间培养才能获得结果，且易受到多种因素的影响，但其最大的优点是能够获得活菌的信息，因此，本方法至今仍被广泛地应用于生物制品、食品、饮料和水等的含菌指数或污染程度的检测。

三、实验材料和器材

1. 材料

土样 10 g、无菌水。

2. 培养基

牛肉膏蛋白胨培养基、高氏 I 号培养基。

3. 仪器和其他用具

含无菌水 90 mL 并带有玻璃珠的三角瓶、盛有 9 mL 无菌水的试管、涂布器、无菌吸管、乙醇灯、无菌培养皿、试管架、培养箱、超净工作台、记号笔。

四、试验方法

1. 取样

根据实验的目的选取采样地点，把采到的土壤装进取样袋后直接带回微生物实验室立即使用，或放入 4℃ 的冰箱备用，但放置时间不要超过一天。

2. 倒平板

牛肉膏蛋白胨培养基、高氏 I 号培养基加热熔化，冷却至 50℃ 左右，每种培养基每组倒 8 个平板。

3. 制备土壤稀释液

称取 10 g 土样，加入 90 mL 无菌水中，在三角瓶中振摇 10~20 min，即成为稀释度为 10^{-1} 的土壤悬液。

取土壤悬液 1 mL 加入盛有 9 mL 无菌水的试管中，以此类推，分别制成稀释度为 $10^{-5} \sim 10^{-2}$ 的土壤悬液。

4. 土壤稀释液涂布

将上述每种培养基平板标记清楚稀释度，用无菌吸管吸取 0.1 mL 稀释液加入对应的平皿内（按照从稀至浓的顺序加入），用涂布刮铲涂布均匀。将涂布完成后的平板于 28 ℃ 培养箱倒置培养 7 d。

五、注意事项

（1）选择平板菌落计数法，使用的稀释倍数十分重要。一般选择 3 个连续稀释度的培养；皿中生长的菌落数为 30～300，且第二个稀释度的培养皿中生长的平均菌落数在 50 左右为好。在实际工作中同一稀释度重复对照培养皿不能少于 3 个，并且重复间菌落数不应相差太大，否则，试验结果不准确。

（2）从土壤中分离微生物的稀释涂布平板法与平板菌落计数法在很多方面存在共同之处，有时经常将两种方法结合使用。

六、实验报告

1. 实验结果

（1）计数：选取单菌落数目在 30～300 个的稀释度平皿来计数。

（2）所计数的平板稀释度是：＿＿＿，单菌落数目：＿＿＿、＿＿＿。

（3）计算：活菌数目/克土壤＝＿＿＿ 个/克土壤。

2. 思考题

（1）要使平板菌落计数准确，需要掌握哪些关键步骤？

（2）当平板上长出的菌落不是均匀分散的而是集中在一起时，你认为问题出在哪里？

实验 9 水中大肠菌群的检测

一、实验目的

（1）学习检测水中大肠菌群的原理和方法。

（2）了解水质评价的微生物学卫生标准，明白其应用的重要性。

二、实验原理

大肠菌群是指一群能发酵乳糖、产酸产气、需氧和兼性厌氧的革兰氏阴性无芽孢的杆菌。大肠菌群主要来源于人畜粪便，可作为粪便污染指标来评价食品的卫生质量，推断食品中是否有污染肠道致病菌的可能。

大肠菌群常用多管发酵法检验，其原理是根据大肠菌群能发酵乳糖、产酸、产气，以及具备革兰氏染色阴性、无芽孢、呈杆状等有关特性，通过 3 个步骤进行检验，求得水样中的总大肠菌群数。试验结果以最可能数（most probable number，MPN）表示。水中大肠菌群数是以 100 mL 检测样品内大肠菌群最可能数 MPN 表示。

三、实验材料和器材

1. 材料

水样。

2. 培养基

乳糖蛋白胨发酵管（内有倒置小套管）培养基、伊红美蓝培养基。

3. 仪器和其他用具

高压蒸汽灭菌锅、生物显微镜、载玻片、灭菌培养皿、移液器、移液器吸头、试管、三角瓶、接种环。

四、操作步骤

1. 培养基的配制和试验材料准备

(1) 乳糖蛋白胨培养液（LPB）。

配方（1 L）：蛋白胨 10 g、牛肉膏浸粉 3 g、乳糖 5 g、氯化钠 5 g、溴甲酚紫 0.016 g，pH 7.3。

按上述配方称取培养基，溶于蒸馏水中，分装于底部装有倒置的德汉氏小管的试管中，每个试管 10 mL，115℃高压灭菌 20 min。

(2) 三倍浓缩乳糖蛋白胨培养液（3LPB）。

配方（1 L）：蛋白胨 30 g、牛肉膏浸粉 9 g、乳糖 15 g、氯化钠 15 g、溴甲酚紫 0.048 g，pH 7.3。

按上述配方称取培养基，分装于试管中，每个试管 5 mL，倒置一德汉氏小管，115℃高压灭菌 20 min。

(3) 伊红美蓝培养基。

配方（1 L）：蛋白胨 10 g、乳糖 10 g、磷酸氢二钾 2 g、2%伊红水溶液 20 mL、0.5%吕氏碱性美蓝水溶液 13 mL、琼脂粉 20 g，pH 7.3。

按上述配方称取培养基，置于三角瓶中，加蒸馏水溶解，115℃高压灭菌 15 min，待冷却至 45℃左右，倒入平板待用。

(4) 每组准备试验材料。

三倍浓缩乳糖蛋白胨（5 mL）15 管；

普通浓度乳糖蛋白胨（10 mL）15 管；

伊红美蓝培养基 150 mL（倒 5 个平板）；

100 mL 三角瓶 1 个（装 27 mL 蒸馏水灭菌）、5 mL 吸头 5 支、1 mL 吸头 5 支，包扎灭菌。

2. 水样的采集

取距水面约 10 cm 的深层水样，先将灭菌带玻璃塞的空瓶浸入水中，然后拔开玻璃塞，水流入瓶中，灌满后将玻璃塞塞好，再从水中取出。采取的水样应立即检测，否则，需放入 4℃ 冰箱中保存。

3. 初发酵试验

在装有 5 mL 三倍浓度浓缩乳糖蛋白胨培养基的 5 个试管中分别加入 10 mL 水样品；于各装有 10 mL 乳糖蛋白胨培养液的 5 个试管中（内有倒管），分别加入 1 mL 水样；再于各装有 10 mL 乳糖蛋白胨培养液的 5 个试管中（内有倒管），分别加入 1 mL 1∶10 稀释的水样。共计 3 个稀释度，15 管。将各管充分混匀，置于 37℃ 恒温箱内培养 24 h。（可以根据水的污染程度选择其他的 3 个稀释度。）

4. 分离培养

将初发酵的阳性管（产酸产气）的菌液分别划线接种至伊红美蓝琼脂培养基平板。置 36℃ 培养箱内，培养 24 h，取出观察菌落形态。选择符合大肠菌群菌落特征的菌落：① 深紫黑色，有金属光泽；② 紫黑色，不带或略带金属光泽；③ 淡紫红色，中心颜色较深。挑取一部分菌体，进行革兰染色。

5. 复发酵试验

镜检的菌落如为革兰氏阴性无芽孢的杆菌，则挑选该菌落的另一部分接种于装有乳糖蛋白胨培养液的试管中（内有倒管），每管可接种分离至同一初发酵管的最典型菌落 1~3 个，然后置于 37℃ 恒温箱中培养 24 h，有产酸、产气者，即证实有大肠菌群存在。根据证实有大肠菌群存在的阳性管数查"大肠菌群检数表"（表 9.1），报告每升水样中的大肠菌群数。

表 9.1　最可能数（MPN）表

出现阳性份数			每 100 mL 水样中细菌数的最可能数	95% 可信限值		出现阳性份数			每 100 mL 水样中细菌数的最可能数	95% 可信限值	
10 mL 管	1 mL 管	0.1 mL 管		下限	上限	10 mL 管	1 mL 管	0.1 mL 管		下限	上限
0	0	0	<2			4	2	1	26	9	78
0	0	1	2	<0.5	7	4	3	0	27	9	80
0	1	0	2	<0.5	7	4	3	1	33	11	93
0	2	0	4	<0.5	11	4	4	0	34	12	93
1	0	0	2	<0.5	7	5	0	0	23	7	70
1	0	1	4	<0.5	11	5	0	1	34	11	89
1	1	0	4	<0.5	15	5	0	2	43	15	110

出现阳性份数			每100 mL 水样中细菌数的最可能数	95%可信限值		出现阳性份数			每100 mL 水样中细菌数的最可能数	95%可信限值	
10 mL管	1 mL管	0.1 mL管		下限	上限	10 mL管	1 mL管	0.1 mL管		下限	上限
1	1	1	6	<0.5	15	5	1	0	33	11	93
1	2	0	6	<0.5	15	5	1	1	46	16	120
2	0	0	5	<0.5	13	5	1	2	63	21	150
2	0	1	7	1	17	5	2	0	49	17	130
2	1	0	7	1	17	5	2	1	70	23	170
2	1	1	9	2	21	5	2	2	94	28	220
2	2	0	9	2	21	5	3	0	79	25	190
2	3	0	12	3	28	5	3	1	110	31	250
3	0	0	8	1	19	5	3	2	140	37	310
3	0	1	11	2	25	5	3	3	180	44	500
3	1	0	11	2	25	5	4	0	130	35	300
3	1	1	14	4	34	5	4	1	170	43	190
3	2	0	14	4	34	5	4	2	220	57	700
3	2	1	17	5	46	5	4	3	280	90	850
3	3	0	17	5	46	5	4	4	350	120	1 000
4	0	0	13	3	31	5	5	0	240	68	750
4	0	1	17	5	46	5	5	1	350	120	1 000
4	1	0	17	5	46	5	5	2	540	180	1 400
4	1	1	21	7	63	5	5	3	920	300	3 200
4	1	2	26	9	78	5	5	4	1 600	640	5 800
4	2	0	22	7	67	5	5	5	≥2 400		

注：接种 5 份 10 mL 水样、5 份 1 mL 水样、5 份 0.1 mL 水样时，不同阳性及阴性情况下 100 mL 水样中细菌数的最可能数和 95%可信限值

五、注意事项

（1）检样时注意做到无菌操作。

（2）使用小倒管培养基配制时，为排净气泡，灭菌时不要把试管的盖子盖得太紧，灭菌后注意观察一下倒管中的气体是否排完全。

（3）高压灭菌后，等高压灭菌锅的压力表达到 0，取出培养基放到冰箱冷

却，效果会比较好。

（4）在实际工作中，大肠菌群的产气量不同，有时倒管中充满气体，有时倒管中只有非常少的气体（类似小米粒的气泡），这时可以轻轻摇晃试管，如有气泡沿管壁快速上浮，应考虑可能有气体产生。

六、实验报告

1. 实验结果

根据证实有大肠菌群存在的阳性管数查"大肠菌群检数表"，报告每升水样中的大肠菌群数。

2. 思考题

（1）什么是大肠菌群？它主要包括哪些细菌属？

（2）为什么接种 10 mL 水样时，用的是三倍浓缩的乳糖蛋白胨培养基，而接种 1 mL 和 0.1 mL 水样时，则用乳糖蛋白胨培养基？

实验 10　微生物细胞的显微计数

一、实验目的

（1）学习使用血球计数板测定微生物细胞或孢子数量的方法。
（2）了解血球计数板的构造、原理和使用方法。

二、实验原理

利用血球计数板在显微镜下直接计数，是一种常用的微生物细胞计数方法，各种单细胞菌体的纯培养悬浮液、菌体较大的酵母菌、霉菌孢子、放线菌和真菌的原生质体等均可采用血球计数板计数（图 10.1）。将菌悬液（或孢子悬液）放在血球计数板载玻片与盖玻片之间的计数室内，由于载玻片上的计数室盖上盖玻片后的容积（0.1 mm³）是一定的，因此，可以根据在显微镜下观察到的微生物数目换算为单位体积内的微生物数目。

样品中菌数（个/mL）＝每小格的平均数×（1 000/0.00025）×稀释倍数

在上述公式中，1 000 代表 1 mL 的容积（即 1 000 mm³），0.00025 为每一小格的容积（即 0.00025 mm³），上面公式可进一步改写为：样品中菌数（个/mL）＝每小格的平均数×稀释倍数×$4×10^6$。

三、实验材料和器材

1. 菌种

啤酒酵母菌（*Saccharomyces cerevisiae*）24 h 液体培养物、青霉菌（*Penicillium chrysogenum*）斜面培养物。

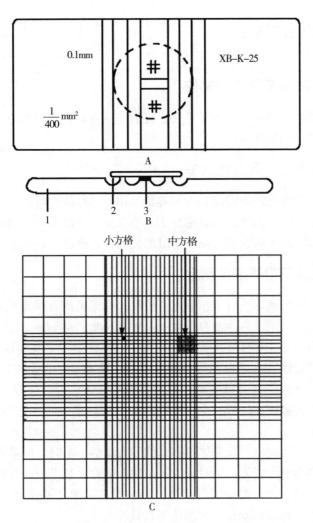

A. 正面图；B. 纵切面图；C. 计数板上的方格网

1. 血球计数板；2. 盖玻片；3. 计数室

图 10.1 血球技术板的构造

2. 仪器和其他用具

生物显微镜、血球计数板、盖玻片、玻璃棒、移液器、移液器吸头、无水乙醇、擦镜纸、无菌水试管。

四、操作步骤

1. 啤酒酵母菌悬液的制备

用接种环挑取啤酒酵母菌培养物，将菌体放入盛有无菌水的试管中，混合均匀，获得酵母菌悬浮液。

2. 青霉菌孢子悬液的制备

取一支孢子成熟的青霉菌斜面培养物，用无菌移液管吸取 10 mL 无菌水加入试管斜面中，轻轻振荡，将青霉孢子从培养物上冲洗下来。用移液管吸取孢子液，倒入含有薄层脱脂棉的漏斗中过滤，获得青霉菌单孢子悬浮液。

3. 显微镜下孢子浓度测定

取洁净干燥的血球计数板，盖上盖玻片，用无菌滴管从盖玻片的边缘滴 1 滴孢子稀释液，则孢子悬浮液自行渗入，注意不要产生气泡。静置 5 min，使孢子沉降不再流动，在显微镜下观察计数。先在低倍镜下找到计数室的位置，然后换成高倍镜计数。以血球计数板每小格内含有 5~10 个菌或孢子最为合适。如发现菌（孢子）悬液太浓，应重新稀释并计数；如果菌（孢子）悬液太稀，重新准备悬液。计数一个样品应取两个计数室中的计算结果的平均值，以减少实验误差。

活酵母有芽殖现象，若芽体达到母细胞大小的一半时，即可作为两个菌体计数；若芽体小于母细胞一半时计为 1 个酵母细胞。对于压在方格界线上的酵母菌应当计数同侧相邻两边上的菌体数，一般可采取"数上线不数下线，数左线不数右线"的原则处理，另两边不计数。

4. 清洗血球计数板

计数完毕，将血球计数板取下，在水龙头上用水冲洗，切忌用硬物洗刷，然后自然吹干，镜检观察是否有孢子或其他沉积物，直至冲刷干净。

五、注意事项

（1）在打入计数板的时候不要将液体打出压板片和计数板之间。
（2）调节显微镜光线的强弱能够帮助快速找到计数室。

（3）计数时如果遇到酵母出芽，当芽体大小达到母细胞一半时，则作为 2 个菌体计算。

（4）计数时压线的菌体一般以方格上线和方格右边线上的菌体进行计数。

六、实验报告

1. 实验结果

目前，通常使用的是 25×16 型的计数板，即中央大方格以双线等分成 25 个中方格，每个中方格又分成 16 个小方格。每个计数室（大方格）共有 400 小格，总容积是 0.1 mm^3。计数四个角和中央的 5 个中方格（80 个小方格）的细胞数。

细胞个数（mL）=（80 个小方格细胞总数/ 80）× 400×10 000×稀释倍数

计数一个样品要从两个计数室计得的平均数来计算。

2. 思考题

（1）血球计数法适用于哪些类型的微生物？

（2）用血球计数法计数时，哪些操作不规范会影响计数的准确性？

实验 11　环境因素对微生物生长的影响

一、实验目的

（1）了解温度、紫外线、化学药剂等环境因素对微生物生长的影响。

（2）观察各因素对微生物生长抑制的强弱，分析不同环境因素影响微生物生长繁殖的机制。

二、实验原理

微生物的生长需要合适的外部条件，温度偏低或过高都会影响微生物的生长和繁殖。过高的温度会导致蛋白质（酶）及核酸变性失活，过低的温度会使酶的活性受抑制，新陈代谢活动减弱。

短波长的紫外线（260 nm）容易被 DNA 吸收，导致 DNA 形成胸腺嘧啶二聚体，从而抑制 DNA 的复制和功能。长波长的紫外线（325~400 nm）能导致 DNA 链的断裂。细胞具有修复 DNA 的功能，但过量的紫外线照射使细胞来不及进行 DNA 修复，导致细胞死亡。紫外线常用于物体表面和空气灭菌，紫外线穿透能力较弱，玻璃、纸片都能阻止紫外线。

一些化学药品（消毒剂、杀菌剂）能够抑制微生物的生长，甚至导致微生物的死亡。

三、实验材料和器材

1. 菌种

金黄色葡萄球菌、酵母菌。

2. 培养基

马铃薯葡萄糖培养基、牛肉膏蛋白胨斜面培养基、牛肉膏蛋白胨固体培养基。

3. 器材和其他用具

恒温培养箱、超净工作台、冰箱、烘箱、无菌吸管、乙醇灯、涂布刮铲、接种环、75%乙醇、镊子、黑色纸片、无菌培养皿、试管、药敏滤纸片等。

四、操作步骤

1. 培养基的配制

每组配制牛肉膏蛋白胨培养基 250 mL，做斜面 12 支，倒 6 个平皿。

牛肉膏蛋白胨培养基配方（1 L）：牛肉膏 3 g、蛋白胨 10 g、氯化钠 5 g、琼脂粉 20 g，pH 值 7.0。

配制马铃薯葡萄糖培养基 250 mL，做斜面 12 支，倒 6 个平皿。

马铃薯葡萄糖培养基配方（1 L）：马铃薯 200 g，削皮切成小块，煮 20 min，过滤收集滤液，加入葡萄糖 20 g，加琼脂粉 20 g，定容至 1 000 mL，调 pH 至 7.0。

2. 温度对微生物生长的影响

在 12 支牛肉膏蛋白胨斜面试管中划线接种金黄色葡萄球菌，将接种后的试管按组别分别放入 5℃、15℃、25℃、35℃、45℃及 55℃条件下培养 48 h，观察金黄色葡萄球菌生长情况，记录实验结果。

在 12 支马铃薯葡萄糖培养基试管中划线接种酵母菌，将接种后的试管按组别分别放入 5℃、15℃、25℃、35℃、45℃及 55℃条件下培养 48 h，观察金黄色葡萄球菌生长情况，记录实验结果。

3. 紫外线杀菌实验

将已经灭菌并冷却到 50℃左右的牛肉膏蛋白胨琼脂培养基倒入 3 个无菌培养皿中，水平放置自然冷却凝固。用无菌吸管吸取 0.1 mL 培养 18 h 的金黄色葡萄球菌菌悬液加入培养基表面，用无菌三角涂棒涂布均匀。

将已经灭菌并冷却到 50℃左右的马铃薯葡萄糖培养基倒入 3 个无菌培养

皿中，水平放置自然冷却凝固。用无菌吸管吸取 0.1 mL 培养 24 h 的酵母菌菌悬液加入培养基表面，用无菌三角涂棒涂布均匀。

在无菌条件下将灭过菌的黑色纸片放入培养皿中，紫外线照射 20 min 后取出，用遮光纸包好，37℃温室培养 24 h 后取下黑色纸片，观察金黄色葡萄球菌生长情况。

4. 化学药剂实验

将已经灭菌并冷却到 50℃左右的牛肉膏蛋白胨琼脂培养基倒入 3 个无菌培养皿中，水平放置至自然冷却凝固。用无菌吸管吸取 0.1 mL 培养 18 h 的金黄色葡萄球菌菌悬液加入培养基表面，用无菌涂布棒涂布均匀。

将已经灭菌并冷却到 50℃左右的马铃薯葡萄糖培养基倒入 3 个无菌培养皿中，水平放置至自然冷却凝固。用无菌吸管吸取 0.1 mL 培养 24 h 的酵母菌菌悬液加入培养基表面，用无菌涂布棒涂布均匀。

将已经涂布好的平板底皿用记号笔平均划分为 4 等份。用无菌镊子将已灭菌的小圆滤纸片分别浸入装有各种消毒剂（青霉素、新洁尔灭、苯酚）的试管中浸湿，分别贴在培养皿的 4 个区域，并做好标记。将上述贴好滤纸片的含菌平板倒置放于 37℃条件下，培养 24 h 后观察有无抑菌圈形成，并用直尺测量抑菌圈大小。

五、注意事项

（1）实验菌种的菌液充分摇匀后再吸取菌液，保证每个实验中接入的菌量一致。

（2）紫外线照射有光复活现象，因此，将紫外线照射平板用黑布或报纸包裹，再进行培养。

（3）用于在高温条件下培养微生物的平板厚度为一般平板的 1.5～2 倍，避免高温导致培养基干裂。

六、实验报告

1. 实验结果

（1）记录温度对微生物生长影响的实验结果，记录金黄色葡萄球菌和酵母菌在不同温度下的生长状况。

菌种	生长状况					
	5℃	15℃	25℃	35℃	45℃	55℃
金黄色葡萄球菌						
酵母菌						

注：-表示不生长；+表示生长弱；++表示生长良好；+++表示生长旺盛。

（2）记录化学药剂对微生物生长影响的实验结果，记录不同化学药剂对金黄色葡萄球菌和酵母菌的抑菌圈直径。

菌种	抑制圈直径/mm		
	青霉素	新洁尔灭	苯酚
金黄色葡萄球菌			
酵母菌			

2. 思考题

（1）为什么有些微生物能够在低温和高温下生长？

（2）杀菌剂或抑菌剂通过哪种方式杀死或抑制微生物？

实验 12 细菌的生理生化反应

一、实验目的

(1) 掌握测定细菌生理生化反应的技术和方法。

(2) 了解细菌鉴定中常用的生理生化实验反应原理。

二、实验原理

各种微生物在代谢类型上表现了很大的差异。由于细菌特有的单细胞原核生物的特性，这种差异就表现得更加明显。不同细菌分解、利用糖类、脂肪类和蛋白类物质的能力不同，其发酵的类型和产物也不相同，在菌株的分类鉴定中仍然发挥着重要作用。

(1) 糖发酵试验。根据细菌分解利用糖能力的差异表现出是否产酸产气作为鉴定菌种的依据。在糖发酵培养基中加入指示剂溴甲酚紫（即 B. C. P 指示剂，其 pH 值在 5.2 以下呈黄色，pH 值在 6.8 以上呈紫色），经培养后根据指示剂的颜色变化来判断。在发酵培养基中放入倒置德汉氏小管观察是否产气。

(2) 吲哚试验。用来检测吲哚的产生。有些细菌含有色氨酸酶，能分解蛋白胨中的色氨酸生成吲哚（靛基质）。吲哚本身没有颜色，不能直接看见，但当加入对二甲基氨基苯甲醛试剂时，该试剂与吲哚作用，形成红色的玫瑰吲哚。

(3) 甲基红试验。用来检测由葡萄糖产生的有机酸，如甲酸、乙酸、乳酸等。肠杆菌科各属都能发酵分解葡萄糖，在分解葡萄糖过程中产生丙酮酸，进一步分解中，由于糖代谢的途径不同，可产生乳酸、琥珀酸、乙酸和甲酸等大量酸性产物，可使培养基 pH 值下降至 4.5 以下，使甲基红指示剂变红。

（4）V.P 试验。用来检测某些细菌利用葡萄糖产生非酸性或中性末端产物的能力，如丙酮酸。丙酮酸缩合、脱羧成乙酰甲基甲醇，在强碱环境下，乙酰甲基甲醇被空气中的氧氧化为二乙酰，二乙酰与蛋白胨中的胍基作用生成红色化合物，称 V.P（+）反应。

（5）柠檬酸盐试验。用来检测柠檬酸盐是否被利用。有些细菌利用柠檬酸盐作为碳源，如产气肠杆菌；而另一些细菌不能利用柠檬酸盐，如大肠杆菌。细菌在分解柠檬酸盐及培养基中的磷酸铵后，产生碱性化合物使培养基的 pH 值升高。当加入 1% 溴麝香草酚蓝指示剂时，培养基就会由绿色转变为深蓝色。溴麝香草酚蓝的指示范围为：pH 值小于 6.0 时呈黄色，pH 值在 6.5 ~ 7.0 时为绿色，pH 值大于 7.6 时呈蓝色。

（6）硫化氢试验。检测硫化氢的产生，也是用于肠道细菌检查的常用生化试验。有些细菌能分解含硫的有机物，如胱氨酸、半胱氨酸、甲硫氨酸等产生硫化氢，硫化氢遇到培养基中的铅盐或铁盐等，形成黑色的硫化铅或硫化亚铁沉淀物。大肠杆菌为阴性，产气肠杆菌为阳性。

三、实验材料和器材

1. 菌种

大肠杆菌（*Escherichia coli*）、普通变形杆菌（*Proteus vulgaris*）、产气肠杆菌（*Enterobacter aerogenes*）的斜面菌种。

2. 培养基和试剂

（1）培养基。

葡萄糖蛋白胨水培养基配方（1 L）：蛋白胨 5 g、葡萄糖 5 g、磷酸氢二钾 5 g、水 1 000 mL。

蛋白胨水培养基配方（1 L）：蛋白胨 20 g、氯化钠 5 g、水 1 000 mL。

葡萄糖发酵培养基（1 L）：葡萄糖 10 g、蛋白胨 20 g、氯化钠 5 g、水 1 000 mL、溴甲酚紫 0.04 g。

乳糖发酵培养基（1 L）：乳糖 10 g、蛋白胨 20 g、氯化钠 5 g、水 1 000 mL、溴甲酚紫 0.04 g。

蔗糖发酵培养基（1 L）：蔗糖 10 g、蛋白胨 20 g、氯化钠 5 g、水 1 000 mL、溴甲酚紫 0.04 g。

柠檬酸盐培养基（1 L）：柠檬酸钠 2 g、磷酸氢二钾 1 g、磷酸氢铵 1 g、氯化钠 5 g、硫酸镁 0.2 g、1% 溴麝香草酚蓝（乙醇溶液）10 mL、水 1 000 mL、琼脂粉 20 g。

乙酸铅培养基（1 L）：蛋白胨 10 g、牛肉膏 3 g、氯化钠 5 g、硫代硫酸钠 2.5 g、115℃ 高压灭菌 15 min，冷却至 50℃ 左右时，加入过滤除菌的 10% 乙酸铅溶液 10 mL。

每组配葡萄糖发酵培养基 15 mL，每支试管分装 5 mL，分装 3 支试管。

每组配乳糖发酵培养基 15 mL，每支试管分装 5 mL，分装 3 支试管。

每组配蔗糖发酵培养基 15 mL，每支试管分装 5 mL，分装 3 支试管。

每组配蛋白胨水培养基 15 mL，每支试管分装 5 mL，分装 3 支试管。

每组配葡萄糖蛋白胨水培养基 15 mL，每支试管分装 5 mL，分装 3 支试管。

每组配柠檬酸盐培养基 15 mL，每支试管分装 5 mL，分装 3 支试管，凝固做成斜面。

每组配乙酸铅培养基 15 mL，每支试管分装 5 mL，分装 3 支试管，垂直放置凝固。

（2）试剂。

40%NaOH 溶液、肌酸、甲基红指示剂、吲哚试剂、乙醚。

3. 器材和其他用具

超净工作台、恒温培养箱、高压蒸汽灭菌锅、试管、移液管、德汉氏小管。

四、操作步骤

1. 糖发酵试验

取分别装有葡萄糖、蔗糖和乳糖发酵培养基试管各 3 支（内含无菌德汉氏小管），每种糖发酵试管分别标记大肠杆菌、普通变形杆菌和空白对照。以无菌操作分别接种少量菌苔至以上各相应试管中，每种糖发酵培养液的空白对照均不接菌。

与对照管比较，若接种培养液保持原有颜色，其反应结果为阴性，表明该菌不能利用该种糖，记录用 "-" 表示；如培养液呈黄色，反应结果为阳性，表明该菌能分解该种糖产酸，记录用 "+" 表示。培养液中的德汉氏小管内有气泡为阳性反应，表明该菌分解糖能产酸并产气，记录用 "+" 表示；如德汉氏小管内没有气泡为阴性反应，记录用"–"表示。

2. 吲哚试验

取装有蛋白胨水培养液的试管 3 支，分别标记大肠杆菌、产气肠杆菌和空白对照。以无菌操作分别接种少量菌苔到以上相应试管中，第 3 管作空白对照不接种，置 37℃恒温箱中培养 24~48 h。

在培养液中加入乙醚 1~2 mL，经充分振荡使吲哚萃取至乙醚中，静置片刻后乙醚层浮于培养液的上面，此时沿管壁缓慢加入 5~10 滴吲哚试剂（加入吲哚试剂后切勿摇动试管，以防破坏乙醚层影响结果观察）。如有吲哚存在，乙醚层呈现玫瑰红色，此为吲哚试验阳性反应；否则，为阴性反应。阳性用"+"、阴性用"–"表示。

3. 甲基红试验（M. R 试验）

向 V. P 试验留下的培养液中各加入 2~3 滴甲基红指示剂，注意沿管壁加入，观察培养液上层。若培养液上层变成红色，即为阳性反应。若仍呈黄色，则为阴性反应，分别用"+"或"–"表示。

4. 乙酰甲基甲醇试验（V. P 试验）

取 3 支装有葡萄糖蛋白胨培养液的试管，分别标记大肠杆菌、产气肠杆菌和空白对照。以无菌操作分别接种少量菌苔至以上相应试管中，空白对照管不接菌，置 37℃恒温箱中培养 24~48 h。取出以上试管，振荡 2 min。

取 3 支空试管相应标记菌名，分别加入 3~5 mL 以上对应管中的培养液，再加入 40% NaOH 溶液 10~20 滴，加入 0.5~1 mg 微量肌酸，振荡试管，以使空气中的氧溶入，置 37℃恒温箱中保温 15~30 min。若培养液呈红色，记录为 V. P 试验阳性反应（用"+"表示）；若不呈红色，记录为 V. P 试验阴性反应（用"–"表示）。

5. 柠檬酸盐试验

取 3 支柠檬酸盐斜面培养基，分别标记大肠杆菌、产气肠杆菌和空白对照。以无菌操作分别接种少量菌苔至以上相应试管中，空白对照管不接菌，置 37℃恒温箱中培养 48 h。观察柠檬酸盐斜面培养基上有无细菌生长，培养基是否变色。蓝色为阳性，绿色为阴性，分别用"+"或"–"表示。

6. 硫化氢试验

用接种针将大肠杆菌和产气肠杆菌分别穿刺接种 2 支乙酸铅培养基中，空白对照管不接菌，置 37℃ 恒温箱中培养 48 h。观察乙酸铅培养基是否变色，黑色为阳性，不变色为阴性，分别用 "+" 或 "-" 表示。

五、注意事项

（1）糖发酵实验中，接种后应轻缓摇动试管，使其均匀，防止倒置的德汉氏小管进入气泡，否则，会造成假象，得出错误的结果。

（2）在吲哚实验中，加入吲哚后不再摇动，否则，界面液体被混匀，红色环不明显。

（3）在甲基红实验中，应注意甲基红试剂不要加入过多，以免出现假阳性。

六、实验报告

1. 实验结果

（1）根据接种不同菌种发酵液颜色情况和产气情况记录糖发酵实验结果。

菌种	发酵结果					
	葡萄糖		蔗糖		乳糖	
	产酸	产气	产酸	产气	产酸	产气
大肠杆菌						
普通变形杆菌						
空白对照						

注：-表示阴性；+表示阳性。

（2）根据接种不同菌种添加不同显色剂的颜色变化情况记录吲哚试验、甲基红试验（M.R）、乙酰甲基甲醇试验（V.P）、柠檬酸盐试验和硫化氢试验结果。

菌种	吲哚试验	M. R 试验	V. P 试验	柠檬酸盐试验	硫化氢试验
大肠杆菌					
产气肠杆菌					
空白对照					

注：-表示阴性；+表示阳性。

2. 思考题

（1）为什么大肠杆菌甲基红反应呈阳性，而产气肠杆菌甲基红反应呈阴性？

（2）为什么硫化氢试验接种方式为穿刺接种？

实验 13 微生物菌种的保藏

一、实验目的

（1）掌握微生物菌种保藏的原理。

（2）掌握试管斜面保藏法、甘油冷冻保藏法、真空干燥保藏法和液氮超低温保藏法。

二、实验原理

菌种保藏（culture preservation，culture collection）是指保持微生物菌株的活力和遗传性状的技术。微生物在使用和传代过程中容易发生污染、变异甚至死亡，因而常常造成菌种的衰退，并有可能使优良菌种丢失。菌种保藏的意义在于尽可能保持其原有性状和活力的稳定，确保菌种不死亡、不变异、不被污染，保持菌株优良性状不退化，保持优良菌株存活，以达到便于研究、交换和使用等诸方面的目的。

有针对性地创造干燥、低温和隔绝空气的外界条件，使微生物的生命活动处于半永久性的休眠状态，使微生物的新陈代谢作用限制在最低范围内。干燥、低温和隔绝空气是保证获得这种状态的主要措施。常用的方法有冻干保藏法、甘油冷冻保藏法、液氮超低温保藏法、矿油封藏法、固体曲保藏法、砂土管保藏法、琼脂穿刺保藏法等。

三、实验材料和器材

1. 菌种

金黄色葡萄球菌。

2. 培养基和试剂

牛肉膏蛋白胨琼脂培养基、脱脂奶粉、75%乙醇、丙三醇。

3. 仪器和其他用具

超净工作台、高压蒸汽灭菌锅、冰箱、烘箱、无菌吸管、乙醇灯、接种环、具塞试管、冻存管、安瓿管、棉塞、乙醇喷灯。

四、操作步骤

1. 试管斜面保藏菌种

（1）配制牛肉膏蛋白胨琼脂培养基，加入 15 mm×150 mm 的具塞玻璃试管中，灭菌后摆斜面。

（2）在超净工作台中，将培养皿中生长好的金黄色葡萄球菌单菌落用无菌接种环挑取少量菌体，采用折返划线法接种到试管中的培养基斜面上，盖上试管塞，放入 37℃培养箱中培养 24~48 h。

（3）观察斜面上菌种生长情况，划线处菌种生长出，经检查无杂菌污染，再放入冰箱冷藏室（4~5℃）保藏，每 2~3 个月转接一次。

2. 冷冻保藏菌种

（1）配制 20%~30% 浓度的丙三醇（甘油），分装到甘油冻存管中，每管分装 1.5 mL，121℃高压灭菌 30 min。

（2）挑取培养皿中的金黄色葡萄球菌单菌落至无菌甘油管中，每株菌种保存 2 管，注明菌株编号，放入-20℃冰箱中冷冻保藏。

3. 冷冻干燥保藏菌种

（1）取 10 支安瓿管，将安瓿管塞上棉塞，121℃高压蒸汽灭菌 30 min，放入烘箱中烘干。

（2）用脱脂奶粉配成 200 g/L 的乳液，每个安瓿管中加入 400 μL 乳液，115℃灭菌 10 min。

（3）用无菌竹签或接种针挑取待保藏的金黄色葡萄球菌单菌落放入安瓿管的牛奶中，注明菌株号。放入-80℃冰箱中冷冻 12 h 以上，使其充分冷冻。

（4）将冷冻后的安瓿管取出，放到预冷的冻干机冷冻井上方，盖上玻璃钢罩密封。关闭放气阀，打开真空泵，玻璃钢罩内气压降至 10 Pa 左右，维持 24 h 左右。

（5）冷冻干燥结束后，慢慢打开放气阀，停掉压缩机和真空泵，取出安瓿管。用乙醇喷灯封口，放入冰箱中 4℃保藏。

五、注意事项

（1）在菌种的保藏过程中，应严格遵守无菌操作流程，防止保藏的菌种发生污染。

（2）对于冷冻干燥保藏，注意控制降温速率及保护剂的使用。

六、实验报告

1. 实验结果

按照实验操作流程，将金黄色葡萄球菌用 3 种方法各保存 2 份菌种。

2. 思考题

根据菌生长的情况和污染率，评价菌种保藏的成活率。

第二部分 综合型、研究型微生物学实验

实验 14　抗菌物质最低抑菌浓度的测定

一、实验目的

（1）了解稀释法检测杀菌剂最小抑菌浓度的原理。
（2）掌握微孔板法检测最小抑菌浓度的方法和步骤。

二、实验原理

　　稀释法是定量测定抗菌药物抑制细菌生长作用的体外方法，分为琼脂稀释法和肉汤稀释法。稀释法所测得的某抗菌药物能抑制待测菌肉眼可见生长的最低药物浓度称为最低抑菌浓度（minimal inhibitory concentration，MIC）。

　　微量稀释法是目前常用的检测方法，采用标准的 96 孔细胞培养板。将抗菌药物做不同浓度的稀释后，再接种待测菌，定量测定抗菌药物抑制或杀灭待测细菌的最低抑菌浓度或最低杀菌浓度（minimal bactericidal concentration，MBC）。

三、实验材料和器材

1. 菌种

金黄色葡萄球菌、大肠杆菌。

2. 培养基和试剂

LB 液体培养基和氨苄青霉素。

3. 器材和其他用具

恒温培养箱、超净工作台、高压蒸汽灭菌锅、96 孔细胞培养板、移液器及吸头（100 μL）、记号笔等。

四、操作步骤

1. 培养基的配制

每组配制 LB 液体培养基 50 mL，灭菌。

LB 培养基配方：酵母提取物 5 g、胰蛋白胨 10 g、氯化钠 10 g、蒸馏水 1 000 mL，pH 值 7.0。

2. 抗菌物质的配制

称取 1.024 mg 待测抗菌物质，加入 10 μL 的 DMSO 完全溶解，再加入 990 μL的液体 LB 培养基，即浓度为 1 024 μg/mL。

3. 抗菌物质的梯度稀释

将无菌包装的 96 孔细胞培养板在超净工作台中取出，向每个孔中加入无菌 LB 液体培养基 100 μL。在 96 孔细胞培养板 A/B/C 三排的第一孔加 100 μL 配好的待测抗菌物质 A（浓度为 1 024 μg/mL），然后对待测抗菌物质 A 进行 2 倍稀释。即第一孔中加入药液后用移液器充分吹打混匀，然后吸取 100 μL 加入第二孔再充分混匀，照此重复直至最后一孔，吸取 100 μL 弃去。此时每孔药物浓度从左到右依次为 512、256、128、64、32、16、8、4、2、1、0.5、0.25（μg/mL）。

4. 接种靶标菌

在 A/B/C 三排每一孔中加入稀释好的菌液 100 μL（浓度约为 2×10^6 个/mL），使菌液终浓度为 1×10^6 个/mL。形成测定待测抗菌物质 MIC 值的 3 次重复（A/B/C 三排）。每孔待测抗菌物质浓度从左到右依次为 256、128、64、32、16、8、4、2、1、0.5、0.25、0.125（μg/mL）。

5. 对照的设置

在同一个 96 孔细胞培养板上的 G 排的前半部分做阴性对照（仅加空白培

养基，不加菌液），在 G 排的后半部分做阳性对照（加菌液，不加待测抗菌物质）。

在同一个 96 孔细胞培养板上的 H 排做参比药物的 MIC，细菌常用氨苄青霉素，霉菌常用制霉菌素 Nystatin，白色念珠菌常用氟康唑。

6. 培养和结果观察

将 96 孔细胞培养板放入 37℃ 培养箱中 16~20 h，观察孔内菌液的浑浊度，小孔内完全抑制细菌生长的最低浓度为该待测抗菌物质对待测菌的 MIC。也可用酶标仪在 600 nm 波长下检测小孔的培养液浑浊度，判断待测抗菌物质对待测菌的 MIC（表 14.1）。

表 14.1　96 孔板法检测最小抑菌浓度

		1	2	3	4	5	6	7	8	9	10	11	12
A	培养基100 μL 待测药A 100 μL 菌液100 μL		100 μL	100 μL	100 μL	100 μL	100 μL	100 μL	100 μL	100 μL	100 μL	100 μL	100 μL
B	同A排												
C	同A排												
D	培养基100 μL 待测药B 100 μL 菌液100 μL												
E	同D排												
F	同D排												
G	对照	−		−		−		+	+	+	+	+	+
H	参比药物												
浓度		256	128	64	32	16	8	4	2	1	0.5	0.25	0.125

五、注意事项

（1）每次试验均应设置阴性对照，不可省略。在报告中亦必须将对照组的结果列出。

（2）接种用细菌悬液的浓度应符合要求。浓度过低，接种菌量少，抑菌环常因之增大；浓度过高，接种量过多，抑菌环则可减小。

（3）应保持琼脂浓度的准确性，否则可影响抑菌环的大小。

（4）培养时间不得超过 18 h。培养过久，部分细菌可恢复生长，抑菌环变小。

（5）抑菌环直径可受抑菌剂的量、抑菌性能和干湿度影响。故抑菌剂滤纸片应在试验当天制备。

六、实验报告

1. 实验结果

（1）记录待测物质不同浓度下孔内菌液的浑浊度，判断待测药物对金黄色葡萄球菌和大肠杆菌的最小抑菌浓度值。记录阳性对照氨苄青霉素的最小抑菌浓度。

（2）观察不加菌液的孔内培养液是否变浑浊，判断操作过程或操作环境是否影响结果的准确性。观察加菌液不加抗菌药物的孔内培养液是否变浑浊，判断金黄色葡萄球菌和大肠杆菌的活力是否影响结果的准确性。

2. 思考题

（1）经过培养后，不加菌液的孔内培养液变浑浊，可能是什么原因导致的？

（2）影响 MIC 检测准确度的因素有哪些？

实验 15　基于 16S rDNA 序列的细菌菌种鉴定

一、实验目的

（1）掌握基于 16S rDNA 对细菌进行分类的原理及方法。

（2）掌握 DNA 提取、PCR、DNA 片段回收等实验操作，以及 PCR 的基本原理。

二、实验原理

随着分子生物学的迅速发展，细菌的分类鉴定从传统的表型、生理生化分类进入各种基因型分类水平，如（G+C）mol%、DNA 杂交、rDNA 指纹图、质粒图谱和 16S rDNA 序列分析等。现在一般普遍采用 16S rRNA 作为序列分析对象对微生物进行测序分析。在细菌的 16S rDNA 中有多个区段保守性，根据这些保守区可以设计出细菌通用引物，可以扩增出所有细菌的 16S rDNA 片段，并且这些引物仅对细菌是特异性的。因此，16S rDNA 可以作为细菌群落结构分析最常用的系统进化标记分子。

16S rRNA 普遍存在于原核生物中。rRNA 参与生物蛋白质的合成过程，其功能是任何生物都必不可少的，而且在生物进化的漫长历程中保持不变，可看作为生物演变的时间钟。在 16S rRNA 分子中，既含有高度保守的序列区域，又有中度保守和高度变化的序列区域，因而它适用于进化距离不同的各类生物亲缘关系的研究。

三、实验材料和器材

1. 菌种

金黄色葡萄球菌、大肠杆菌。

2. 培养基和试剂

LB 培养基、75%乙醇、溶菌酶、蛋白酶 K、氯仿、苯酚、乙醇、PCR 酶制剂。

3. 仪器和其他用具

恒温培养箱、超净工作台、冰箱、烘箱、无菌吸管、乙醇灯、涂布刮铲、接种环。

四、操作步骤

1. 细菌基因组 DNA 提取

（1）挑取单菌落接种到 10 mL LB 培养基中，37℃振荡过夜培养。

（2）取 2 mL 培养液到 2 mL 艾本德管中，8 000 r/min 离心 2 min 后倒掉上清液。

（3）加 140 μL TE 打散细菌，再加入 60 μL 10 mg/mL 的溶菌酶。37℃放置 10 min。

（4）加入 400 μL 消化缓冲液，混匀。再加入 3 μL 蛋白酶 K，混匀，55℃温育 5 min。

（5）加入 260 μL 乙醇，混匀，全部转入 UNIQ-10 柱中。10 000 r/min 离心 1 min，倒去收集管内的液体。

（6）加入 500 μL 70%乙醇（Wash Solution），10 000 r/min 离心 0.5 min。

（7）重复第（6）步。

（8）在 10 000 r/min 离心 2 min 彻底甩干乙醇。吸附柱转移到一个新的 1.5 mL 的离心管。

（9）加入 50 μL 预热（60℃）的洗脱缓冲液，室温放置 3 min。12 000 r/min 离心 2 min，流下的液体即为基因组 DNA。

（10）电泳。取 3 μL 溶液电泳检测质量。

2. PCR 扩增

（1）根据已发表的 16S rDNA 序列设计保守的扩增引物。16S（F）5′-AGAGTTTGATCCTGGCTCAG － 3′，16S（R）5′ － GGTTACCTT G TTACGACTT-3′。

（2）PCR 扩增体系。

在 0.2 mL Eppendorf 管中加入 1 μL DNA，再加入以下反应混合液：16S（F）1 μL（10 μmol/L），16S（R）1 μL（10 μmol/L），10× PCR Buffer 5 μL，dNTP 4 μL，Taq 酶 0.5 μL，加 ddH$_2$O 使反应体系调至 50 μL，简单离心混匀。

（3）PCR 反应。

将 Eppendorf 管放入 PCR 仪，盖好盖子，调好扩增条件。扩增条件为：94℃，3 min；［（94℃，30 s；50℃，45 s；72℃，100 s），35 cycles］；72℃，7 min。

（4）PCR 产物的电泳检测。

拿出 Eppendorf 管，从中取出 5 μL 反应产物，加入 1 μL 上样缓冲液，再加入 4 μL 的 ddH$_2$O 混匀。点入预先制备好的 1% 的琼脂糖凝胶中。电泳 1 h，在紫外灯下检测扩增结果。

3. 扩增片段的回收

根据上步实验结果，如果扩增产物为唯一条带，可直接回收产物。否则需要从琼脂糖凝胶中切割核酸条带，并回收目的片段。

（1）称量 2 mL 的 Eppendorf 管质量，记录。

（2）在紫外灯下切割含有目的条带的凝胶，放入 2 mL 的 Eppendorf 管内称量，计算凝胶质量。

（3）每 100 mg 凝胶加入 100 μL Binding Buffer 混匀。60℃ 温育直至凝胶融化。

（4）全部转入 UNIQ-10 柱中。10 000 r/min 离心 1 min，倒去收集管内的液体。

（5）加入 500 μL Binding Buffer，10 000 r/min 离心 1min，倒去收集管内的液体。

（6）加入 70% 乙醇（Wash Solution），10 000 r/min 离心 0.5 min。

（7）10 000 r/min 离心 2 min 彻底甩干乙醇，将吸附柱转移到一个新的1.5 mL 的离心管。

（8）加入 30 μL 预热的洗脱缓冲液，室温放置 3 min。12 000 r/min 离心2 min，流下的液体即为回收的 DNA 片段。

4. DNA 片段测序

将回收的 DNA 片段送至生物公司测序，测序引物为 16S PCR 引物。

五、注意事项

（1）引物的特异性要强。鉴定菌种的引物要有严格的排他性，这种引物的确定要事先进行大量的数据分析和实验。

（2）PCR 反应的温度与时间要根据不同引物、GC 比、碱基的数目和扩增的片段长度而确定，特别是复性温度与时间更需要注意。

六、实验报告

1. 实验结果

（1）在紫外灯下观察琼脂糖凝胶的结果并通过凝胶成像系统将结果拍照。

（2）测序结果的分析。

2. 思考题

（1）在 PCR 反应条件正常的情况下，为什么有的引物进行 PCR 扩增在琼脂糖凝胶上观察不到任何 DNA 条带？

（2）有时 PCR 扩增后在琼脂糖凝胶上出现不是单一的 DNA 条带，而是弥散状，试分析出现这种现象的原因。

（3）如果电泳后在凝胶成像图中对应的阴性对照泳道上出现很淡的 DNA 条带，你认为这条带可能是什么？为什么会出现这种情况？

实验 16　极端微生物的分离与纯化

一、实验目的

（1）掌握倒平板的方法和几种常用的分离纯化微生物的基本操作技术。
（2）初步观察来自土壤中的三大类群微生物的菌落形态特征。
（3）学习平板菌落计数的基本原理和方法并掌握其基本技能。

二、实验原理

为了获得某种微生物的纯培养，一般是根据该微生物对营养、酸碱度、氧等条件要求不同而供给它适宜的培养条件，或加入某种抑制剂造成只利于此菌生长而抑制其他菌生长的环境，从而淘汰其他一些不需要的微生物，再用稀释涂布平板法或平板划线分离法等分离、纯化该微生物直至得到纯菌株。

从微生物群体中经分离、生长在平板上的单个菌落并不一定保证是纯培养。因此，纯培养的确定除观察其菌落特征外，还要结合显微镜检测个体形态特征等综合考虑。有些微生物的纯培养要经过一系列的分离与纯化过程和多种特征，如产酸产气情况、染色情况、营养要求、氧气需求、酸碱度、渗透压和温度等鉴定方能得到。

平板菌落计数法的原理将待测菌液经适当稀释涂布在平板上，经过培养后在平板上形成肉眼可见的菌落。统计菌落数根据稀释倍数和取样量计算出样品中细胞密度，一般选择每个平板上长有 50~200 个菌落的稀释度计算每毫升的含菌量较为合适。

三、实验材料和器材

1. 材料

极端环境土样。

2. 培养基

LB 培养基、NA 培养基。

3. 仪器和其他用具

高压蒸汽灭菌锅、生物显微镜、载玻片、灭菌培养皿、涂布棒、移液器吸头、试管、三角瓶、接种环。

四、操作步骤

1. 稀释样品

制备样品稀释液，称取样品 10 g，放入盛 90 mL 无菌水并带有玻璃珠的三角烧瓶中，振摇约 20 min，使样品与水充分混合，将菌分散。用一支 1 mL 无菌吸管从中吸取 1 mL 样品悬液，注入盛有 9 mL 无菌水的试管中，吹吸 3 次，使试管中液体充分混匀。然后再用一支 1 mL 无菌吸管从此试管中吸取 1 mL，注入另一盛有 9 mL 无菌水的试管中，以此类推，制成 10^{-1}、10^{-2}、10^{-3}、10^{-4}、10^{-5}、10^{-6} 各种稀释度的样品溶液。

2. 配制培养基并倒平板

3. 涂布

（1）标记，选择 3 个稀释度写在平板底部。

（2）取样，每皿准确取悬液 0.2 mL，放于平板中央，注意每次取液时应先混匀试管中的溶液。

（3）涂布，在培养基表面轻轻地涂布均匀，其方法是将菌液先沿一条直线轻轻地来回推动，使之分布均匀，然后改变方向 90° 沿另一垂直线来回推动，平板内缘处可改变方向用涂棒再涂布几次，室温下静置 5~10 min。

4. 培养

将涂布的平板倒置于合适温度的培养箱中培养 3~5 d。

5. 记数

培养 48 h 后，取出培养平板，算出同一稀释度 3 个平板上的菌落平均数，并按下列公式进行计算：

每毫升中菌落形成单位（cfu）＝同一稀释度 3 次重复的平均菌落数×稀释倍数×5

6. 镜检纯培养

挑菌落，将培养后长出的单个菌落分别挑取接种到合适培养基的斜面上培养，待菌苔长出后检查菌苔是否单纯，也可用显微镜涂片染色检查是否是单一的微生物。若有其他杂菌混杂就要再一次进行分离、纯化，直到获得纯培养。

五、注意事项

（1）每个梯度需要 3 个重复，保证实验结果的可靠性。

（2）进行平板涂布时一定要保证整个平板均匀涂抹，且要把平板表面的水分完全涂干，防止有水存在的部位出现菌群过多的现象。

六、实验报告

1. 实验结果

（1）所做的涂布平板法是否较好地得到了单菌落？如果不是，试分析实验失败的原因。

（2）在平板中分离得到了哪些类群的微生物？简述它们的菌落形态特征。

2. 思考题

（1）如何确定平板上单个菌落是否为纯培养？请写出实验的主要步骤。

（2）如果要分离得到极端嗜盐细菌，要在什么地方取样？分离培养基有何特点，说明理由。

（3）怎样判断稀释涂布平板计数数据是否可靠？需要掌握哪几个关键步骤？

实验 17　沙漠植物内生菌的分离

一、实验目的

（1）掌握沙漠植物内生菌的分离纯化方法。

（2）掌握内生菌分离过程中的一些基本操作技能。

二、实验原理

沙漠植物内生菌（endophyte）是指那些在其生活史的一定阶段或全部阶段生活于健康植物的各种组织和器官内部的真菌或细菌，而宿主植物一般不表现出外在的症状。所有植物中几乎都存在内生菌。由于植物内生菌与宿主在长期的进化过程中形成了特殊的生态关系，因而内生菌能产生与宿主相同或相似的具有生理活性的次生代谢产物，从内生菌中寻找和发现新的活性化合物越来越成为微生物次生代谢产物的研究热点之一。

采用微生物学常规的组织分离法从沙漠植物中分离内生菌。

三、实验材料和器材

1. 材料

沙漠植物胡杨、花花柴、柽柳等新鲜叶片。

2. 培养基和试剂

PDA 培养基、高氏Ⅰ号培养基、次氯酸钠、葡萄糖、琼脂、青霉素、链霉素、无水乙醇、无菌水。

3. 仪器和其他用具

玻璃棒、无菌擦镜纸、无菌试管。

四、操作步骤

1. 培养基的制备

PDA 培养基：土豆 200 g，煮沸 30 min，4 层纱布过滤，滤液加热，加入琼脂 15 g，琼脂完全融化后加入葡萄糖 20 g，待稍冷却后加水至 1 000 mL。PDA 培养液高温灭菌后，加入青霉素 100 mg/L、链霉素 200 mg/L 的混合液 20 mL，在超净工作台中倒平板，备用。

高氏 I 号培养基：可溶性淀粉 20 g、NaCl 0.5 g、KNO_3 1 g、$K_2HPO_4 \cdot H_2O$ 0.5 g、$MgSO_4 \cdot 7H_2O$ 0.5 g、$FeSO_4 \cdot 7H_2O$ 0.01 g、琼脂 15 g、水 1 000 mL，pH 值 7.4~7.6，高氏 I 号培养基高温灭菌后，在超净工作台中倒平板，备用。

2. 沙漠植物内生菌的分离

野外采集沙漠植物胡杨、花花柴、柽柳等新鲜叶片，自来水下冲洗干净，用吸水纸吸干表面水分后剪成小段（片）做如下表面消毒处理：75%乙醇漂洗 3 min，无菌水冲洗 4~5 次，5%次氯酸钠溶液漂洗叶 3 min，无菌水冲洗 4~5 次，无菌滤纸吸干水分。将上述表面消毒后的材料剪切成 0.5 cm×0.5 cm 小块，放入含有分离培养基的平板中（3 块/每板）28℃恒温培养 3~15 d。最后一次洗涤水涂布平板作为对照。

3. 沙漠内生菌的纯化

待分离培养基中长出细菌、真菌和放线菌后，挑入斜面培养基中培养。

五、注意事项

（1）内生菌分离过程中一定严格按照消毒方法的步骤进行操作。
（2）提前根据待分离的目标微生物设计合适的分离培养基。
（3）分离培养的过程中，每天观察菌落的生长状况。

六、实验报告

1. 实验结果

描述从沙漠植物中分离的内生菌的形态特征。

2. 思考题

（1）PDA 培养基为什么加入抗生素？

（2）怎样确定分离获得的纯培养物是沙漠植物内生菌？

实验 18　抗生素产生菌的筛选

一、实验目的

（1）学会抗生素产生菌的分离方法。
（2）练习分离纯培养技术。

二、实验原理

抗生素是微生物的次生代谢产物，既不参与构成细胞结构，也不是细胞内的贮存性养料，对产生菌本身无害，但对某些微生物有拮抗作用，是微生物在种间竞争中战胜其他微生物保存自己的一种防卫机制。

筛选抗生素产生菌的方法是将土壤中分离所得的纯种，在含有琼脂培养基的平板上培养后，用打孔器将菌块移至含有试验菌的琼脂培养基上，在适宜的温度下培养一定时间后取出。如在菌块的周围有透明的抑菌圈，则表明此菌种具有产生抑制试验菌生长的抗菌物质的能力。

三、实验材料和器材

1. 材料与菌种

样品：采河泥，分离前风干、过筛，水样采集后低温（-4 ℃）冷藏。
病原菌：大肠杆菌（*Escherichia coli*）和金黄色葡萄球菌（*Staphylococcus aureus*）的斜面菌种。

2. 培养基及试剂

（1）分离纯化培养基。高氏 I 号培养基：可溶性淀粉 20 g、KNO_3 1 g、K_2HPO_4 0.5 g、$MgSO_4$ 0.5 g、$FeSO_4$ 0.01 g、琼脂 16 g，pH 值 7.2~7.4。

（2）抗菌活性筛选培养基。LB 培养基：蛋白胨 10 g、NaCl 5 g、牛肉膏 5 g、可溶性淀粉 2 g、琼脂 15 g，pH 值 7.2，加水定容。

注：先将可溶性淀粉加少量蒸馏水调成糊状，再加到溶化好的培养基中，调匀。

3. 仪器和其他用具

（1）无菌水三角瓶（三角瓶内装有 99 mL 的无菌水，内有玻璃珠若干）。

（2）无菌吸管（1 mL、5 mL 等）。

（3）无菌水试管（每支 4.5 mL 水）。

（4）无菌培养皿。

四、操作步骤

1. 菌种筛选

（1）采用常规梯度稀释方法：将河泥样品采用常规梯度稀释方法稀释到浓度为 $10^{-5} \sim 10^{-1}$ 的稀释液。

（2）筛菌平板：每 300 mL 高氏 I 号培养基中加入 1 mL 终浓度为 50 μg/mL 的重铬酸钾（$K_2Cr_2O_7$）。分别取河水和河泥不同浓度的稀释液 200 μL 均匀涂布筛菌平板，每组重复 3 次，28℃倒置培养 5 d 后，挑取平板上的放线菌进行纯化培养。

2. 抗菌活性筛选

采用抑菌圈法：大肠杆菌和金黄色葡萄球菌悬液涂布于 LB 平板上，用灭菌的直径为 7 mm 打孔器切取菌饼（放线菌），接入涂布有大肠杆菌和金黄色葡萄球菌的 LB 平板上，放置在 37℃培养箱中 5 d，游标卡尺测量抑菌圈的大小。

五、注意事项

（1）每个梯度需要 3 个重复，保证实验结果的可靠性。

（2）进行平板涂布时一定要保证整个平板均匀涂抹，且要把平板表面的水分完全涂干，防止有水存在的部位出现菌群过多的现象。

六、实验报告

1. 实验结果

抗菌性能测试结果

菌种编号	抑菌圈直径 （平均组±误差）	菌种编号	抑菌圈直径 （平均组±误差）
菌株 1		菌株 4	
菌株 2		菌株 5	
菌株 3		菌株 6	

2. 思考题

（1）如果在检测抑菌活性的平板中没有出现抑菌圈说明什么？

（2）如果某放线菌能产生抗生素，但在抗性检测平板中没有抑菌圈出现，请解释出现该状况的原因。

实验 19　纤维素酶产生菌的筛选

一、实验目的

（1）掌握从环境中采集样品并从中分离纯化纤维素酶产生菌的完整操作步骤。

（2）掌握产酶微生物筛选的方法。

二、实验原理

纤维素酶是指能水解纤维素 β-1,4 葡萄糖苷键，使纤维素变成纤维素二糖和葡萄糖的一组酶的总称。它不是单一酶，而是起协同作用的多组分酶系，纤维素酶主要是由：C1 酶（外切 β-1,4 葡聚糖酶）、Cx（内切 β-1,4 葡聚糖酶）和 BG（β-1,4 葡萄糖苷酶）组成。不同微生物合成纤维素酶在组成上有显著的差异，对纤维素的分解能力也大不相同。对纤维素能进行有效降解的生物包括细菌、丝状真菌、放线菌、软体动物等。森林土有相当多枯枝落叶和腐烂的木头等，富含纤维素，适合利用纤维素作为碳源的产生菌生长。

从自然界筛选菌种的具体做法，大致可以分成以下 4 个步骤：采样、增殖培养、纯种分离和性能测定。

1. 采样（即采集含菌的样品）

采集含菌样品前应调查研究一下想要筛选的微生物主要分布在什么环境中。在土壤中几乎各种微生物都可以找到，因而土壤可说是微生物的大本营。在土壤中，数量最多的是细菌，其次是放线菌，再次是霉菌，酵母菌最少。除土壤以外，其他各类物体上都有相应的占优势生长的微生物。例如，枯枝、烂叶、腐土和朽木中纤维素分解菌较多，厨房土壤、面粉加工厂和菜园土壤中淀粉的分解菌较多，果实、蜜饯表面酵母菌较多，蔬菜、牛奶中乳酸菌较多，油田、炼油厂附近的土壤中石油分解菌较多等。

2. 增殖培养（又称富集培养）

富集培养就是在所采集的土壤等含菌样品中加入某些物质，并创造一些有利于待分离微生物生长的其他条件，使能分解利用这类物质的微生物大量繁殖，从而便于从其中分离到这类微生物。因此，富集培养事实上是选择性培养基的一种实际应用。

3. 纯种分离

在生产实践中，一般都应用纯种微生物进行生产。通过上述的富集培养只能说要分离的微生物从数量上的劣势转变为优势，从而提高了筛选的效率，但是，要得到纯种微生物就必须进行纯种分离。纯种分离的方法很多，主要有平板划线分离法、稀释分离法、单孢子或单细胞分离法、菌丝尖端切割法等。

4. 性能测定

分离得到纯种这只是选种工作的第一步。所分得的纯种是否具有生产上所要求的性能，还必须要进行性能测定后才能决定取舍，性能测定的方法分初筛和复筛两种。

初筛一般在培养皿上根据选择性培养基的原理进行。

复筛是在初筛的基础上做比较精细的测定。一般是将微生物培养在三角瓶中做摇瓶培养，然后对培养液进行分析测定。在摇瓶培养中，微生物得到充分的空气，在培养液中分布均匀，因此和发酵罐的条件比较接近，这样测得的结果更具有实际的意义。

三、实验材料和器材

1. 实验材料

土样：采取富含有机质的土壤中，用取样铲将表层 5 cm 左右的浮土除去，取 5~25 cm 处的土样 10~25 g，装入事先准备好的无菌取样袋内扎好，备用。

2. 培养基及试剂

（1）分离培养基。

蛋白胨 10 g、NaCl 5 g、牛肉膏 5 g、可溶性淀粉 2 g、琼脂 15 g，pH 值 7.2，加水定容。

注：先将可溶性淀粉加少量蒸馏水调成糊状，再加到溶化好的培养基中，调匀。

（2）纤维素–刚果红培养基的制备。

硝酸钠 1.0 g、磷酸氢二钠 1.2 g、磷酸二氢钾 0.9 g、硫酸镁 0.5 g、氯化钾 0.5 g、酵母浸出粉 0.5 g、酸水解酪蛋白 0.5 g、刚果红 0.2 g、纤维素粉 5.0 g、琼脂 22.0 g。

3. 仪器和其他用具

（1）小铁铲和无菌纸或袋。

（2）无菌水三角瓶（300 mL 的瓶装水至 99 mL，内有玻璃珠若干）。

（3）无菌吸管（1 mL、5 mL 等）。

（4）无菌水试管（每支 4.5 mL 水）。

（5）无菌培养皿。

四、操作步骤

1. 纤维素产生菌的分离

取 1 g 土样，加入 9 mL 无菌水进行倍性稀释，稀释梯度为将稀释度为 10^4 ~ 10^6 的菌悬液各取 0.1 mL，滴加在平板培养基上，用涂布器将菌液涂布均匀，在 30℃ 倒置培养，至菌落长出。每个稀释度下需涂布 3 个平板，并注意设置对照。

2. 平板划线分离纯化

待分离培养基中长出细菌、真菌和放线菌后，挑入斜面培养基中培养，进行分离纯化。

3. 性能测试

用接种环从平板中的单个菌落上挑取一些菌体接种到平板筛选培养基上培养。进行测定透明圈直径（d）与菌落直径（D）之比（d/D），以此比值来衡量纤维素酶产生能力的大小，从而进行纤维素酶产生菌的初筛。将初筛出的菌株接入液体培养基中，摇瓶培养。进一步进行复筛，选最优的纤维素酶产生菌。

五、注意事项

（1）每个梯度需要 3 个重复，保证实验结果的可靠性。
（2）进行平板涂布时，一定要保证整个平板均匀涂抹，且要把平板表面的水分完全涂干，防止有水存在的部位出现菌群过多的现象。

六、实验报告

1. 实验结果

纤维素分解菌性能测试结果

菌种编号	抑菌圈直径（平均组±误差）	菌种编号	抑菌圈直径（平均组±误差）
菌株 1		菌株 4	
菌株 2		菌株 5	
菌株 3		菌株 6	

2. 思考题

（1）用平板划线法进行纯种分离的原理是什么？
（2）要防止平板划破应采取哪些措施？
（3）为什么要将培养皿倒置培养？

实验 20　淀粉酶产生菌的筛选

一、实验目的

（1）掌握从环境中采集样品并从中分离纯化某种微生物的完整操作步骤。

（2）掌握产淀粉酶微生物筛选的方法。

二、实验原理

α-淀粉酶是一种液化型淀粉酶，它的产生菌广泛分布于自然界，尤其是在含有淀粉类物质的土壤等样品中。

从自然界筛选菌种的具体做法，大致可以分成以下 4 个步骤：采样、增殖培养、纯种分离和性能测定。

1. 采样（采集含菌的样品）

采集含菌样品前应调查研究一下自己打算筛选的微生物在哪些地方分布最多，然后才可着手做各项具体工作。在土壤中几乎各种微生物都可以找到，因而土壤可说是微生物的大本营。在土壤中，数量最多的当推细菌，其次是放线菌，再次是霉菌，酵母菌最少。除土壤以外，田地、面粉加工厂和菜园土壤中淀粉的分解菌较多，果实、蜜饯表面酵母菌较多，蔬菜、牛奶中乳酸菌较多，油田、炼油厂附近的土壤中石油分解菌较多等。

2. 增殖培养（又称富集培养）

富集培养就是在所采集的土壤等含菌样品中加入某些物质，并创造一些有利于待分离微生物生长的其他条件，使能分解利用这类物质的微生物大量繁殖，从而便于从其中分离到这类微生物。因此，富集培养事实上是选择性培养基的一种实际应用。

3. 纯种分离

在生产实践中，一般都应用纯种微生物进行生产。通过上述的富集培养只能说我们要分离的微生物从数量上的劣势转变为优势，从而提高了筛选的效率，但是要得到纯种微生物就必须进行纯种分离。纯种分离的方法很多，主要有平板划线分离法、稀释分离法、单孢子或单细胞分离法、菌丝尖端切割法等。

4. 性能测定

分离得到纯种这只是选种工作的第一步。所分得的纯种是否具有生产上所要求的性能，还必须要进行性能测定后才能决定取舍。性能测定的方法分初筛和复筛两种。

初筛一般在培养皿上根据选择性培养基的原理进行。例如，要测定淀粉酶的活力可以把斜面上各个菌株点种在含有淀粉的培养基表面，经过培养后测定透明圈与菌落直径的比值大小来衡量淀粉酶活力的高低。

复筛是在初筛的基础上做比较精细的测定。一般是将微生物培养在三角瓶中做摇瓶培养，然后对培养液进行分析测定。在摇瓶培养中，微生物得到充分的空气，在培养液中分布均匀，因此和发酵罐的条件比较接近，这样测得的结果更具有实际的意义。

三、实验材料和器材

1. 材料

土样：采取富含有机质的土壤，用取样铲将表层 5 cm 左右的浮土除去，取 5~25 cm 处的土样 10~25 g，装入事先准备好的无菌采样袋内扎好，备用。

2. 培养基及试剂

（1）分离培养基。

蛋白胨 10 g、NaCl 5 g、牛肉膏 5 g、可溶性淀粉 2 g、琼脂 15 g，pH 值 7.2，加水定容。

注：先将可溶性淀粉加少量蒸馏水调成糊状，再加到融化好的培养基中，调匀。

（2）卢戈氏碘液。

碘 1 g、碘化钾 2 g、水 300 mL。配制时先将碘化钾溶于 5~10 mL 水中，再加入碘，溶解后定容。

3. 仪器和其他用具

（1）小铁铲和无菌纸或袋。
（2）无菌水三角瓶（300 mL 的瓶装水至 99 mL，内有玻璃珠若干）。
（3）无菌吸管（1 mL、5 mL 等）。
（4）无菌水试管（每支 4.5 mL 水）。
（5）无菌培养皿。

四、操作步骤

1. α-淀粉酶产生菌的分离

在无菌纸上称取样品 1 g，放入 100 mL 无菌水的三角瓶中，振荡 10 min。80℃水浴 15 min，冷却。用 1 mL 无菌吸管吸取 0.5 mL 注入 4.5 mL 无菌水试管中，梯度稀释至 10^{-6}。用稀释样品的同支吸管分别依次从 10^{-6}、10^{-5}、10^{-4} 样品稀释液中，吸取 1 mL，注入无菌培养皿中，然后倒入灭菌并融化、冷却至 50℃左右的固体培养基，小心摇动混匀，待平板冷却凝固后，倒置于 35℃温箱中培养 48 h。

2. 平板划线分离纯化

待分离培养基中长出细菌、真菌和放线菌后，挑入斜面培养基中培养，进行分离纯化。

3. 性能测试

用接种环从平板中的单个菌落上挑取一些接种到平板筛选培养基上培养。进行测定透明圈直径（d）与菌落直径（D）之比（d/D），以此比值来衡量淀粉酶产生能力的大小，从而进行淀粉酶产生菌的初筛。将初筛出的菌株接入液体培养基中，摇瓶培养，进一步进行复筛，选最优的淀粉酶产生菌。

五、注意事项

（1）每个梯度需要 3 个重复，保证实验结果的可靠性。

（2）进行平板涂布时一定要保证整个平板均匀涂抹，且要把平板表面的水分完全涂干，防止有水存在的部位出现菌群过多的现象。

六、实验报告

1. 实验结果

淀粉分解菌性能测试结果

菌种编号	抑菌圈直径 （平均组±误差）	菌种编号	抑菌圈直径 （平均组±误差）
菌株 1		菌株 4	
菌株 2		菌株 5	
菌株 3		菌株 6	

2. 思考题

（1）用平板划线法进行纯种分离的原理是什么？

（2）要防止平板划破应采取哪些措施？

（3）为什么要将培养皿倒置培养？

实验 21　乙醇发酵及糯米甜酒的酿制

一、实验目的

（1）学习和掌握酵母菌发酵糖产生乙醇的方法。
（2）掌握酒曲发酵和配制糯米甜酒的方法。

二、实验原理

乙醇发酵是指在厌氧条件下，微生物通过糖酵解过程（又称 EMP 途径）将葡萄糖转化为丙酮酸，丙酮酸进一步脱羧形成乙醛，乙醛最终被还原成乙醇的过程。乙醇发酵的代表菌为酵母菌，工业上主要用于酿酒和乙醇生产。

三、实验材料和器材

1. 菌种

酿酒酵母（*Saccharomyces cerevisiae*）斜面菌种。

2. 培养基及试剂

乙醇发酵培养基、甜酒曲、蒸馏水、无菌水、糯米。

3. 器材和其他用具

铝锅、电炉、三角瓶、牛皮纸、棉绳、蒸馏装置、水浴锅、振荡器、乙醇比重计。

四、操作步骤

1. 酵母菌的乙醇发酵

（1）培养基。配制好的发酵培养基分装入 300 mL 三角瓶中，每瓶 100 mL，121℃湿热灭菌 20~30 min。

（2）接种和培养。于培养 24 h 的酿酒酵母斜面中加入无菌水 5 mL，制成菌悬液，并吸取 l mL，接种于装有 100 mL 培养基的三角瓶中，一共接 2 瓶。其中，1 瓶于 30℃恒温静止培养，另 1 瓶置 30℃恒温振荡培养。

（3）酵母菌数目的计数。每隔 24 h 取样，经 10 倍稀释后进行细胞计数（方法参阅"细菌数量测定"）。

（4）乙醇蒸馏及乙醇浓度的测定。取 60 mL 已发酵培养 3 d 的发酵液加至蒸馏装置的圆底烧瓶中，在水浴锅中 85~95℃下蒸馏。当开始流出液体时，准确收集 40mL 于量筒中，用乙醇比重计测量乙醇浓度。

（5）品尝。取少量一定浓度（30°~40°）的酒品尝，体会口感。

2. 糯米甜酒的配制

（1）甜酒培养基制作。称取一定量优质糯米（糙糯米更好）。用水淘洗干净后，加水量为米水比 1 : 1，加热煮熟成饭。或者糯米洗净后，用水浸透，沥干水后，加热蒸熟成饭，即为甜酒培养基。

（2）接种。糯米冷却至 35℃以下，加入适量的甜酒曲（用量按产品说明书）并喷洒一些清水拌匀，然后装入干净的三角瓶中或装入聚丙烯袋中。装饭量为容器的 1/3~2/3，中央挖洞，饭面上，再撒一些酒曲，塞上棉塞或扎好袋口，置 25~30℃下培养发酵。

（3）培养发酵。发酵 2 d 便可闻到酒香味，开始渗出清液，3~4 d 渗出液越来越多，此时，把洞填平，让其继续发酵。

（4）产品处理。培养发酵至第 7 d 取出，把酒糟滤去，汁液即为糯米甜酒原液。加入一定量的水，加热煮沸便是糯米甜酒，即可品尝。

五、注意事项

（1）酵母计数时如果遇到酵母出芽，当芽体大小达到母细胞一半时，则作为 2 个菌体计算。

（2）计数时压线的菌体一般以方格上线和方格右边线上的菌体进行计数。

（3）甜酒制作时的容器一定进行高温处理，操作者的手部卫生也很重要。

六、实验报告

1. 实验结果

（1）记录酵母乙醇发酵过程，比较两种培养方法结果的不同，并解释其原因。

（2）记录糯米配制糯米甜酒的发酵过程，以及糯米甜酒的外观、色、香、味和口感。

2. 问题和思考

（1）为什么糯米饭温度要降至 35℃以下拌酒曲，发酵才能正常进行？糯米饭一开始发酵时要挖个洞，后来又填平，这有什么作用？

（2）乙醇发酵培养基配方中如去掉 KH_2PO_4，同样，接入乙醇酵母菌进行发酵，将出现何种结果？为什么？

实验 22　酸奶的制作与乳酸菌的分离纯化

一、实验目的

（1）了解酸乳制品加工的基本工艺。

（2）掌握影响酸奶质量的因素及控制方法。

二、实验原理

　　酸奶是鲜奶经过乳酸菌发酵而制成的乳制品，具备鲜奶的全部营养成分。酸奶含有人体必需的蛋白质、脂肪、维生素、矿物质、乳糖酶和活性乳酸菌等。

　　酸奶发酵基本原理是通过乳酸菌发酵牛奶中的乳糖产生乳酸（乳酸发酵），同时也产生其他一些酸类物质，从而导致了 pH 值的下降。

　　当 pH 值达到酪蛋白等电点时，将使牛奶中酪蛋白变性凝固，而使整个奶液呈凝乳状态。同时，通过发酵还可形成酸奶特有的香味和风味。

三、实验材料和器材

1. 材料

鲜牛奶、发酵剂（市售酸奶）、白砂糖。

2. 培养基和试剂

（1）马铃薯牛奶琼脂培养基。

（2）MRS 琼脂培养基：蛋白胨 10 g、牛肉膏 10 g、酵母膏 5 g、K_2HPO_4

2 g、柠檬酸二铵 2 g、乙酸钠 5 g、葡萄糖 20 g、吐温 80 1 mL，MgSO$_4$·7H$_2$O 0.58 g、MnSO$_4$·4H$_2$O 0.25 g、蒸馏水 1 000 mL，pH 值 6.2~6.4，121℃下灭菌 20 min 。

（3）乳酸菌糖发酵液体培养基：蛋白胨 5 g、牛肉膏 5 g、酵母膏 5 g、葡萄糖 10 g、吐温 800 5 mL、蒸馏水 1 000 mL、1.6%溴甲酚紫溶液 1.4 mL，pH 值 6.8~7.0，分装试管后，在 112℃下灭菌 30 min。

3. 仪器和其他用具

电饭锅、一次性纸杯、保鲜膜、电热恒温培养箱、电冰箱。

四、操作步骤

（一）酸奶的制作

（1）量取鲜牛奶放入电饭锅中，加入 5% 的蔗糖，沸腾后慢火煮 15 min。冷却至 35~40℃。

（2）按 2% ~ 4%的接种量接入市售鲜酸奶，混合均匀，分装到一次性纸杯中，用保鲜膜覆盖。

（3）将盛有酸奶的纸杯放置于 42℃ 恒温箱中培养 8~10 h。培养时注意观察，出现凝乳后停止培养。发酵终点判断：缓慢倾斜纸杯，观察酸乳的流动性，当流动性变差且有小颗粒出现，可终止发酵。发酵时避免震动，温度恒定，掌握好发酵时间。

（4）发酵结束后，转入 4℃冰箱冷藏 24 h。抑制乳酸菌的生长，以免继续发酵而造成酸度升高。在冷藏期间，酸度仍会有所上升，同时风味成分双乙酰的含量会增加。

（5）品尝。取少量酸奶测量 pH 值，并品尝，体会口感。

（二）接种和分离

1. 浇注平板

将三角瓶中的 MRS 和马铃薯牛奶琼脂培养基加热融化。冷却至 45℃左右，分别浇注 3 个平板，凝固后待用。

2. 酸奶稀释

按常规方法对酸奶做 10∶1 的系列稀释，取适当稀释度的菌液做平板分离。

3. 平板分离

取适当稀释度的悬液用浇注平板法或涂布平板法分离单菌落，也可用接种环直接蘸取酸奶原液作平板划线分离。

4. 恒温培养

将分离用的培养皿平板放入厌氧罐中，然后按抽气换气法或简便的焦性没食子酸（20 g）加 1.5% NaOH（20 mL）的方法造成厌氧环境，然后置 37℃ 恒温箱中培养 2~3 d。

5. 观察菌落

酸奶中的乳酸菌在马铃薯牛奶琼脂培养基出现 3 种不同形态的菌落。

（1）扁平型菌落。直径为 2~3 mm，边缘不整齐，薄而透明，染色并镜检后细胞呈杆状。

（2）半球状隆起型菌落。直径为 1~2 mm，隆起呈半球状，高约 0.5 mm。菌落边缘整齐，四周可见酪蛋白水解的透明圈。染色并镜检后，细胞为链球状。

（3）礼帽形凸起菌落。直径为 1~2 mm，边缘基本整齐，菌落的中央隆起，四周较薄，有酪蛋白水解后形成的透明圈。经染色，镜检后，细胞呈链球状。

6. 单菌株发酵试验

将上述 3 种单菌落在牛奶中分别作扩大培养后，再以 10% 接种量接入消毒牛奶作单菌株发酵试验和双菌株混合发酵试验，品尝并评价何种组合较合理。

五、注意事项

（1）酸奶制作过程中注意容器的灭菌处理。
（2）酸奶的制作中注意经常观察酸奶的状态。

（3）接种和分离的恒温培养环节，两试剂先后加在小烧杯中后应立即紧盖厌氧罐。

六、实验报告

1. 实验结果

记录酸奶发酵的凝乳情况，记录口感、香味、是否有异味，pH 值。

2. 问题和思考

（1）由鲜牛奶发酵形成酸奶的过程主要营养成分发生了哪些变化？

（2）为什么说酸奶比鲜牛奶的营养成分更容易被人体吸收和利用？

实验 23　微生物发酵罐的结构与空罐灭菌

一、实验目的

（1）了解发酵罐的结构和各结构的功能。

（2）学习发酵罐空罐灭菌的操作步骤。

二、实验原理

发酵罐是进行液体发酵的设备。10 L 以下发酵罐可用耐压玻璃制作罐体，10 L 及以上的发酵罐常用不锈钢制作罐体。发酵罐配备有控制器和多种电极，可以自动调控发酵所需要的培养条件，如温度、pH 值和溶氧。目前，绝大多数工业发酵都采用纯种培养，要求发酵罐中只能有生产菌，不允许有杂菌污染。因此，为了保证纯种发酵，在生产菌种接种之前要对发酵培养基、空气、发酵罐及管道系统等进行彻底灭菌。

发酵罐主要由罐体、搅拌桨、空气处理系统、蒸汽发生器、控制传感器和电气控制系统组成，各组件的作用如下。

罐体：提供微生物生长空间，密封性要好。

搅拌桨：用于搅拌，使气液充分混合。

空气处理系统：用来给菌种提供无菌的气体。

蒸汽发生器：供给发酵罐灭菌所需的高温高压蒸汽。

控制传感器：最常用的有 pH 值电极和溶氧电极，用来监测发酵液 pH 值和 DO 的变化。

电气控制系统：用来显示和控制发酵条件。

三、实验材料和器材

镇江东方生工 10 L 小型发酵罐、上海保兴 100 L 液体发酵罐。

四、操作步骤

1. 操作前准备

（1）接通空气压缩机和蒸汽发生器的电源、水源，打开蒸汽发生器的进水阀，打开空气压缩机和蒸汽发生器的电源开关，开机备用。

（2）关闭发酵罐和管路上所有手控阀门。

（3）灭菌空气过滤器。

2. 空罐灭菌

（1）接通发酵罐电源，打开总开关。

（2）打开蒸汽发生器的蒸汽阀门，打开发酵罐蒸汽进夹套的控制阀门，打开夹套排蒸汽的控制阀门。调节蒸汽进出夹套的控制阀门。

（3）当前罐温达到90℃以后，打开排蒸汽的控制阀门、进蒸汽的控制阀门，开始进蒸汽。

（4）调节蒸汽进出罐体的控制阀门，使尾气压力表稳定在 0.1 MPa 左右，一般的温度达到121℃。

（5）连接发酵罐的每一条管路都要进行灭菌。

（6）灭菌结束后，关闭蒸汽进罐体的控制阀门，打开进气阀门，使发酵罐始终处于正压状态。

（7）夹套通入冷水，使发酵罐冷却。

五、注意事项

（1）关闭时不要用力过度，避免损坏膜片。

（2）在发酵罐的使用过程中，严禁将过滤器的排水阀突然打开而引起发酵液倒流，不要让罐内压力大于管道压力。

六、实验报告

1. 实验结果

记录小型发酵罐的结构和各结构的功能，熟悉发酵系统管路和阀门，记录发酵灭菌过程。

2. 问题和思考

（1）发酵罐空罐灭菌需要注意哪些安全事项？

（2）如何才能保证发酵罐充分彻底灭菌？

实验 24　微生物发酵罐的实罐灭菌与接种

一、实验目的

(1) 了解发酵罐的实罐灭菌方法。

(2) 学习发酵罐接种的操作步骤。

二、实验原理

发酵罐的实罐灭菌是发酵生产环节常用的灭菌方法，将发酵液配制后加入发酵罐中，向罐体内通入高温高压蒸汽灭菌。

三、实验材料和器材

1. 试剂

可溶性淀粉、蛋白胨、氯化钠、磷酸氢二钾、消泡剂、盐酸、氢氧化钠。

2. 仪器

镇江东方生工 10 L 小型发酵罐、上海保兴 100 L 液体发酵罐。

四、操作步骤

1. 操作前准备

(1) 认清管路：从上往下的依次为气管、蒸汽管、循环水管、自来水废水管。

(2) 关闭发酵罐底阀、出料口各两个阀门，插上溶氧、pH 值两个探头。

(3) 注入培养基，将发酵罐盖子对称锁死，关闭所有阀门。

2. 实罐灭菌过程

(1) 开电，开水，开水阀，排脏水（下方蓝色一字阀）；先打开蒸汽泵左边开关，再打开右边开关，微开泵后上方黑色的汽阀，红色开大。

(2) 开 V1（全开）、VT1（全开），排冷气，排污。

(3) 开蒸汽总阀（一圈半），并在控制器上将温度设为手动，将转速设为自动，约 150 r/min。

(4) 缓缓开 S1，给夹套通蒸汽，开搅拌器。

(5) 当温度达到 70℃时，将底阀关到 1/3（关死，再回两圈），为了节省蒸汽。

(6) 当温度达到 90℃时，开 V2，开 S2，清洗滤芯外侧，此时有水流出；当没有大的水流出时，开 V3，清洗滤芯内侧。

(7) 给夹套预热至 98℃，关搅拌，开 A3，关 V2、V3，开大 S2，控制灌压在 0.1~0.15 MPa 之间；关小 S1（减少夹套进气量）。

(8) 温度达到 100℃时关小 VT1，调节 S3；待温度达到 121℃时，开加料口 T 字阀 90°（注意不能大于 90°）。左上角的压力表上升时，将 S2 调小；温度高于 121℃时，S3 调小，排气开大；温度低于 121℃ 时，开大 S3，排气开大。

(9) 登录系统，校正溶氧电极（参数标定—溶氧电极标定—零点标定，开始接种前斜率标定）。

(10) 灭完菌后，关 P2 时，先关蓝再关黑。关 P4，关加料口，关蒸汽总阀，关电源（注意：先开的后关，后开的先关）。

(11) 关 A3→S2→S1，W1 要开大，W2 打开（往夹套冲进凉水，排热水），右侧蓝色按钮先不关，开着控制灌压，关 S3，关底阀，关 V1。

(12) 先小开 V2，有水流出，再开 V3，有水流出，压力过 0 时，先开 A1，缓缓开 A2（把空气过滤器吹干）。

(13) 待两侧都没有水流出时开 A3，关 V2、V3，开 W1，关 V1，开 W2，在控制器上将温度设为自动（排水），开搅拌。

(14) 发酵操作，设置新程序，发酵。

(15) 接种：接种前 A1 开小一点，接种后 A1 开大一点。

(16) 取料：打开蒸汽泵，S4、P4 打开 20 min 取料口灭菌，S4 关，P3

打开，取样。

五、注意事项

（1）接种前一定要时刻注意压力表（不能超过 1.15 MPa）以及温度（不能过高）。

（2）全程做好防护，穿长袖，戴手套，防止烫伤，接种时戴护目镜。

（3）视灯、搅拌两个开关，请轻按（视灯 5 min 会自动熄灭）。

（4）微生物方向的仪器：圆形阀门顺时针为关，一字阀门垂直管路为关。

六、实验报告

1. 实验结果

记录发酵罐的实罐灭菌的过程，熟悉发酵系统管路，掌握各阀门的用途和开启关闭过程。

2. 问题和思考

（1）发酵罐实罐灭菌需要注意哪些安全事项？

（2）如何才能保证发酵罐内的培养基充分彻底灭菌？

实验 25 薄层层析法检测微生物的代谢产物

一、实验目的

（1）学习薄层层析法的工作原理。
（2）掌握薄层层析法检测微生物代谢产物的方法。

二、实验原理

色谱法（chromatography）又称层析法，是分离、纯化和鉴定有机化合物的重要方法之一。色谱法的基本原理：混合物的各组分在某一物质中的吸附性或亲和性有差异，使混合物的溶液流经该种物质进行反复的吸附和解吸附作用，从而使各组分分离。按固定相所处的状态分类：薄层色谱（thin layer chromatography）、柱色谱（column chromatography）、纸色谱（paper chromatography）。按分离机理分类：吸附色谱（adsorption chromatography）、分配色谱（partition chromatography）、离子交换色谱（IEC）和凝胶色谱（GPC）。

色谱法三要素：吸附剂、流动相、样品性质。

（1）吸附剂（固定相）。用于与样品发生吸附作用的固定不动的物质。在混合物样品流经固定相的过程中，由于各组分与固定相吸附力的不同，就产生了速度的差异，从而将混合物中的各组分分开。本次实验所用吸附剂：硅胶（silica gel），吸附性来源于硅胶氧原子上未成键的电子对和可以形成氢键的羟基。

（2）流动相（洗脱剂）。也称展开剂，在色谱过程中起到将吸附在固定相上的样品洗脱的作用。乙酸>吡啶>水>醇类（甲醇>乙醇>正丙醇）>丙酮>乙酸乙酯>乙醚>氯仿>二氯甲烷>甲苯>环己烷>正己烷>石油醚，从前到后洗脱能力降低。

(3) 样品性质。在给定的条件下，各个成分的分离情况与被分离物质的结构和性质有关。对极性吸附剂而言，被分离物质的极性越大，两者吸附作用也越强。具有极性基团的化合物，其吸附能力按下列顺序增加：Cl，Br，I < $C=C$ < OCH_3< CO_2R <$C=O$，CHO < $-SH-$ < $-NH_2$<$-OH$ < $-COOH$。

若样品极性越小，或流动相极性越大，样品在固定相上的移动速度则越快。

薄层色谱又叫薄板层析，是固-液吸附色谱法中的一种，是快速分离和定性分析少量物质的实验技术。比移值（Rf）=0 表明该组分不被展开剂所溶解，仍停留在原点。Rf =1 表明该组分不被固定相吸附，而随流动相同速度移动。Rf 的合适范围为：0.2<Rf <0.8。

三、实验材料和器材

1. 试剂

氯仿、甲醇。

2. 仪器和其他用具

薄层层析硅胶板（GF254 型，5 cm×10 cm）10 块，层析缸（10 cm×10 cm）2 个，点样毛细管（内径 0.3 mm）20 个，电吹风 3 个，显色碘缸 1 个，紫外显色仪 1 个，玻璃移液管 10 mL 1 个，洗耳球 2 个，铅笔 2 支。

四、操作步骤

1. 制薄层板

薄层板制备：50 mL 烧杯中放置 10 g 硅胶 GF254，逐渐加入 5% 羧甲基纤维素钠（CMC）水溶液 7 mL，调成均匀的糊状。将其涂于 3 片玻璃板（5 cm×10 cm）上，室温放置半小时后，放入烘箱中在 110℃恒温半小时，即制得薄层板。

2. 点样

用铅笔在距离薄层板底部 1 cm 位置点一个点，在铅笔标记处用毛细管点样。采用多次点样时，应待前一次点加的溶剂挥发后再进行，薄层色谱板载样量有限，点量应适中，避免斑点拖尾，动作要轻，斑点大小适当。

3. 展开

用电吹风吹干样点，竖直放入盛有展开剂的有盖展开瓶中。展开剂要接触到吸附剂下沿，但切勿接触到样点。盖上盖子，展开。待展开剂上行到一定时间（由试验确定适当的展开高度），取出薄层板，标记展开剂的前沿线。色谱槽需密闭良好，防止边缘效应

4. 显色，计算 Rf 值

选择合适的显色方法显色。量出展开剂和各组分的移动距离，计算各组分的比移值。紫外光显色——不破坏组分结构。碘蒸汽法——碘是一种简便、灵敏、非破坏性和可逆的通用显色剂。化学显色为不可逆的化学反应，如：氨基酸＋茚三酮 ＝蓝紫色化合物。

五、注意事项

（1）薄层板的制作过程中调浆时要调和均匀，不宜用力过猛，以免产生气泡而影响分离效果。

（2）薄层板涂好后，让其自然干燥后方能使用。若为吸附薄层层析，制好板后还需加热活化，目的是使其减少水分而具有一定吸附能力。

六、实验报告

1. 实验结果

（1）薄层层析检测微生物代谢产物的组成。
（2）测量样品各组分的比移值（Rf 值）

2. 思考题

（1）在薄层层析中，对于无色试样应该用怎样的方法将各组分的斑点显示出来？
（2）如何调整展开剂（氯仿∶甲醇）的比例，使 Rf 值增大？

附录　染色液的配制

一、常用染色液的配制

1. 碘-碘化钾（I_2-KI）溶液

能将淀粉染成蓝紫色，蛋白质染成黄色，也是植物组织化学测定的重要试剂。

配方：碘化钾 2 g、蒸馏水 300 mL、碘 1 g。

先将碘化钾溶于少量蒸馏水中，待全溶解后再加碘，振荡溶解后稀释至300 mL，保存在棕色玻璃瓶内。用时可将其稀释 2~10 倍，这样染色不致过深，效果更佳。

2. 苏丹Ⅲ（sudan Ⅲ或Ⅳ）

能使木栓化、角质化的细胞壁及脂肪、挥发油、树脂等染成红色或淡红色，是著名的脂肪染色剂。

配方如下。

（1）苏丹Ⅲ或苏丹Ⅳ干粉 0.1 g,，95%乙醇 10 mL，过滤后再加入 10 mL甘油。

（2）先将 0.1 g 苏丹Ⅳ溶解在溶解在 50 mL 丙酮中，再加入 70%乙醇50 mL。

（3）苏丹Ⅲ 70%乙醇的饱和溶液。

3. 1%乙酸洋红（aceto carmine）

酸性染料，适用于压碎涂抹制片，能使染色体染成深红色，细胞质成浅红色。

配方：洋红 1 g、45%乙酸 100 mL。

将洋红 1 g 与 45% 乙酸 100 mL 煮沸 2 h 左右，并随时注意补充加入蒸馏水到原含量，然后冷却过滤，加入 4%铁明矾溶液 1~2 滴（不能多加，否则会发生沉淀），放入棕色瓶中备用。

4. 改良苯酚品红染色液（carbol fuchsine）

配制步骤：先配成 3 种原液，再配成染色液。

原液 A：3 g 碱性品红溶于 100 mL 70%乙醇中。

原液 B：取原液 A 10 mL 加入 90 mL 5%石炭酸水溶液中。

原液 C：取原液 B 55 mL，加入 6 mL 冰乙酸和 6 mL 福尔马林（38%的甲醛）。

（原液 A 和原液 C 可长期保存，原液 B 限两周内使用）

染色液：取 C 液 10~20 mL，加 45%冰乙酸 80~90 mL，配成 10%~20%浓度的石炭酸品红液，放置两周后使用，效果显著（若立即用，则着色能力差）。

适用范围：适用于植物组织压片法和涂片法，染色体着色深，保存性好，使用 2~3 年不变质。山梨醇为助渗剂，兼有稳定染色液的作用，假如没有山梨醇也能染色，但效果较差。

5. 中性红（neutral red）溶液

用于染细胞中的液泡，可鉴定细胞死活。

配方：中性红 0.1 g、蒸馏水 100 mL。使用时再稀释 10 倍左右。

6. 曙红 Y（伊红，eosin Y）乙醇溶液

常与苏木精对染，能使细胞质染成浅红色，起衬染作用。

配方：曙红 0.25 g、95% 乙醇 100 mL。

也常用于 95% 乙醇脱水时，加入少量曙红溶液，其目的是在包埋、切片、展片、镜检时便于识别材料。

7. 钌红（ruthenium red）染色液

钌红是细胞胞间层专性染料，其配后不易保存，应现用现配．

配方：钌红 5~10 mg、蒸馏水 25~50 mL。

8. 龙胆紫（gentian violet）

为酸性染料，适用于细菌涂抹制片。

配方：龙胆紫 0.2～1 g、蒸馏水 100 mL。

9. 苯胺蓝（aniline blue）溶液

为酸性染料，对纤维素细胞壁、非染色质的结构、鞭毛等染色，尤其是染丝状藻类效果好。还多用于与真曙红作双重染色，对于高等植物多用于与番红作双重染色。

配方：苯胺蓝 1 g、35%或 95%乙醇 100 mL。

10. 间苯三酚（phloroglucin）

溶液用于测定木质素。

配方：间苯三酚 5 g、95%乙醇 100 mL。

注意：此溶液呈黄褐色即失效。

11. 橘红 G（orange G）乙醇溶液

为酸性染料，染细胞质，常作二重或三重染色用。

配方：橘红 G 1 g、95%乙醇 100 mL。

12. 番红（safranin O）

为碱性染料，适用于染木化、角化、栓化的细胞壁，对细胞核中染色质、染色体和花粉外壁等都可染成鲜艳的红色。并能与固绿、苯胺蓝等作双重染色，与橘红 G、结晶紫作三重染色。

配方如下。

（1）番红水溶液：番红 0.1 g 或 1 g、蒸馏水 100 mL。

（2）番红乙醇溶液：番红 0.5 g 或 1 g、50%（或 95%）乙醇 100 mL。

（3）苯胺番红乙醇染色液。

甲液：番红 5 g + 95%乙醇 50 mL。

乙液：苯胺油 20 mL + 蒸馏水 450 mL。

将甲、乙二溶液混合后充分摇均匀，过滤后使用。

13. 固绿（fast green）

固绿又称快绿溶液。为酸性染料，能将细胞质、纤维素细胞壁染成鲜艳绿色，着色很快，故要很好地掌握着色时间。

配方如下：

（1）固绿乙醇液：固绿 0.1 g、95%乙醇 100 mL。

（2）苯胺固绿乙醇液：固绿 1 g、无水乙醇 100 mL、苯胺油 4 mL。

配后充分摇匀，过滤后使用，现配现用效果好。

14. 苏木精（hematoxylin）染液

苏木精是植物组织制片中应用最广的染料，是苏木科植物苏木的心材提取出来的。它是很强的细胞核染料，而且可以分化出不同颜色。配方很多，现举例海登汉氏（Heidenhain's）苏木精染色液，又称铁矾苏木精染色液。

配方如下。

甲液（媒染剂）：硫酸铁铵（铁明矾）2~4 g，蒸馏水 100 mL。（必须保持新鲜，最好临用之前配制）

乙液（染色剂）：苏木精 0.5~1 g，95%乙醇 10 mL，蒸馏水 90 mL。

配制步骤如下。

（1）将苏木精溶于乙醇中，瓶口用双层纱布包扎，使其充分氧化（通常在室内放置两个月后方可使用）。

（2）加入蒸馏水，塞紧瓶口，置冰箱中可长期保存。

切片需先经甲液媒染，并充分水洗后才能用乙液染色，染色后经水稍洗，再用另一瓶甲液分色至适度。

铁矾苏木精染液为细胞学上染细胞核内染色质最好的染色剂，但要注意甲液与乙液在任何情况下绝不能混合。

15. 亚甲基蓝染液

常用于细菌、活体细胞等的染色。

取 0.1 g 亚甲基蓝，溶于 100 mL 蒸馏水中即成。

16. 0.5%詹纳斯绿 B（Janus green B）染液

将 0.005 g 詹纳斯绿溶于 100 mL 詹纳斯绿蒸馏水，配成饱和水溶液。用时需稀释，稀释的倍数应视材料不同而异。

17. 1% 硫堇染液

取 0.01 g 硫堇（也称劳氏青莲或劳氏紫）粉末，溶于 100 mL 蒸馏水中，即可使用。使用此液时，需要用微碱性自来水封片或用 1% $NaHCO_3$ 水溶液封片，能成多色反应。

18. 黑色素液

水溶性黑素 10 g，蒸馏水 100 mL，甲醛（福尔马林）。可用作荚膜的背景染色。

19. 墨汁染色液

国产绘图墨汁 40 mL，甘油 2 mL，液体石炭酸 2 mL。先将墨汁用多层纱布过滤，加甘油混匀后，水浴加热，再加石炭酸搅匀，冷却后备用。用作荚膜的背景染色。

20. 吕氏（Loeffier）碱性美蓝染色液

A 液：美蓝 0.3 g（methylene blue，又名甲烯蓝），95% 乙醇 30 mL；B 液：KOH 0.01 g，蒸馏水 100 mL。

混合 A 液和 B 液即成，用于细菌单染色，可长期保存。根据需要可配制成稀释吕氏碱性美蓝染色液，按 1：10 或 1：100 稀释均可。

21. 革兰氏染色液

（1）草酸铵结晶紫染液（cristal violet）液：结晶紫乙醇饱和液（结晶紫 2 g 溶于 20 mL 95% 乙醇中）20 mL，1% 草酸铵水溶液 80 mL。将两液混匀置 24 h 后过滤即成。此液不易保存，如有沉淀出现，需重新配制。

（2）卢戈（Lugol）氏碘液：碘 1 g，KI 2 g，蒸馏水 300 mL。先将 KI 溶于少量蒸馏水中，然后加入碘使之完全溶解，再加蒸馏水至 300 mL，即成。配成后贮于棕色瓶内备用，如变为浅黄色不能使用。

（3）95% 乙醇：用于脱色，脱色后可选用以下（4）或（5）的其中一项复染即可。

（4）稀释石炭酸复红溶液：碱性复红乙醇饱和液（碱性复红 1 g，95% 乙醇 10 mL，5% 石炭酸 90 mL）10 mL，加蒸馏水 90 mL。

（5）番红溶液：番红 O（safranine O，又称沙黄 O）2.5 g 量，95% 乙醇 100 mL，溶解后可贮存于密闭的棕色瓶中，用时取 20 mL 与 80 mL 蒸馏水混匀即可。

以上染色液配合使用，可区分出革兰氏染色阳性（G⁺）或阴性（G⁻）细菌，前者蓝紫色，后者淡红色。

22. 齐氏（Ziehl）石炭酸复红液

将 0.3 g 碱性复红溶于 95% 乙醇 10 mL 中为 A 液；0.01% KOH 溶液 100 mL 为 B 液。混合 A、B 液即成。

23. 姬姆萨（Giemsa）染液

（1）贮存液：称取 0.5 g 姬姆萨粉，甘油 33 mL，甲醇 33 mL。先将姬姆萨粉研细，再逐滴加入甘油，继续研磨，最后加入甲醇，在 56℃ 放置 1~24 h 后即可使用。

（2）应用液（临用时配制）：取 1 mL 贮存液加 19 mL pH 7.4 磷酸缓冲液即成。也可以贮存液：甲醇=1:4 的比例配制成染色液。

24. 1% 瑞氏（Wright's）染色液

称取瑞氏染色粉 6 g，放研钵内磨细，不断滴加甲醇（共 600 mL）并继续研磨使溶解。经过滤后染液须贮存一年以上才可使用，保存时间愈久，则染色色泽愈佳。

二、常用试剂的配制

1. 显微镜镜头清洁剂

将乙醚和乙醇按 7:3 混合，装入滴瓶备用。用于擦拭显微镜镜头上油迹和污垢等（注意瓶口必须塞紧，以免挥发）。

2. 固定液

（1）福尔马林-乙酸-乙醇固定液（FAA，又称万能固定剂）。

福尔马林（38%甲醛）5 mL+冰乙酸 5 mL+70%乙醇 90 mL，可用于固定植物的一般组织，但不适用于单细胞及丝状藻类。幼嫩材料用 50%乙醇代替 70%乙醇，可防止材料收缩；还可加入 5 mL 甘油（丙三醇）以防蒸发和材料变硬。FAA 可兼作保存剂。

（2）福尔马林-丙酸-乙醇固定液（FPA）。

福尔马林 5 mL+丙酸 5 mL+70%乙醇 90 mL，用于固定一般的植物材料，通常固定 24 h，效果比 FAA 好，并可长期保存。

（3）福尔马林-丙酸-氯仿固定液（卡诺固定液）。

配方一：无水乙醇 3 份+冰乙酸 1 份。

配方二：无水乙醇 6 份+冰乙酸 1 份+氯仿 3 份。

是研究植物细胞分裂和染色的优良固定液，材料固定后，用 95% 和 85% 的乙醇浸洗，清洗 2~3 次，也可转入 70% 乙醇中保存备用。

（4）甘油-乙醇软化剂

甘油 1 份+50% 或 70% 乙醇 1 份，适用于木材的软化，将木质化根、茎等材料排出空气后浸入软化液中，时间至少一周或更长一些，也可将材料保存于其中备用。

（5）铬酸-乙酸固定液

根据固定对象的不同，可分强、中、弱 3 种不同的配方。

弱液配方：10% 铬酸 2.5 mL+10% 乙酸 5.0 mL+蒸馏水；

中液配方：10% 铬酸 7 mL+10% 乙酸 10 mL+蒸馏水 83 mL；

强液配方：10% 铬酸 10 mL+10% 乙酸 30 mL+蒸馏水 60 mL。

弱液用于固定较柔嫩的材料，例如藻类、真菌类、苔药植物和蕨类的原叶体等，固定时间较短，一般为数小时，最长可固定 12~24 h，但藻类和蕨类的原叶体可缩短到几分钟到 1 h。

中液用作固定根尖、茎尖、小的子房和胚珠等，固定时间 12~24 h 或更长。

强液适用于木质的根、茎和坚韧的叶子、成熟的子房等。为了易于渗透，可在中液和强液中另加入 2% 的麦芽糖或尿素，固定时间 12~24 h 或更长。

3. 各级乙醇的配制

由于无水乙醇价格较高，故常用 95% 的乙醇配制。配制方法很简便，用 95% 的乙醇加上一定量的蒸馏水即可。可按下列公式推算：

[原乙醇浓度值（95%）-最终乙醇浓度值] ×100=所需加水量

最终乙醇浓度（%）	95%乙醇用量（mL）	蒸馏水量（mL）
85	85	10
70	70	25
50	50	45
30	30	65

4. 其他试剂

（1）生理盐水：取 NaCl 0.9 g 溶于 100mL 蒸馏水中。

（2）碘酒：取碘 2.5 g 和 KI 1.0 g，先加入少量的 75%乙醇搅拌，待溶解后再用 75%乙醇稀释至 100 mL。